園長の
はなし、
飼育係の
しごと

もっと知りたい 動物園と水族館

上野動物園元園長
小宮輝之 著
アクアマリンふくしま館長
安部義孝 協力

メディアパル

はじめに

世界中の動物を一度に見られる
動物園や水族館は、楽しいところです。

それと同時に、不思議に思うこともあるはず。
動物の体のつくりやしぐさなどを見て
「なぜ？」「なに？」と思ったことが
あるのではないでしょうか？

この本では、そんな謎に答えます。
答えてくれるのは、現役の飼育係や獣医、

園長などのプロばかり。
知れば知るほどおもしろい動物の世界を
のぞいてみましょう！

お出かけ前のミニ知識

その1

動物園と水族館の違い…陸上の動物中心なのが動物園、水中の動物中心なのが水族館です。最近は陸上、水中で区別しないところも。

その2

観察のコツ…一度に多くの動物を見ず、その日のテーマを決めて見るとよい。スタッフが近くにいたら話しかければ、忙しいとき以外は、親切に教えてくれるはず。

その3

年間パスポートのすすめ…何度も行くなら年パスを。動物の成長や、季節ごとの変化にも気づけますよ。

お約束

※動物は性別や年齢、個体ごとに性格が違います。
※全長はしっぽも入れた長さ、体長は体だけの長さです。
※園長、館長、飼育係の役職、担当は取材当時のものです。
※本書記載の内容は、2019年5月の取材時のものです。

47

2章 動物たちのギモン

この数字はな〜に？

1882

これは、日本にはじめて動物園ができた年。1882年、東京・上野に日本初の動物園ができました。

ちなみに、動物園という言葉は、ヨーロッパ視察から帰った福沢諭吉がつくりました。英語では「Zoological《ゾーロジカル》 Garden《ガーデン》」なので、正確に訳せば「動物学・庭園」となりますが、「動物園」と訳したのはもしかしたら誤訳だったかもしれません。

動物園の歴史チェック

1882年	1884年	1903年
上野動物園	大阪博物場附属動物檻	京都市動物園

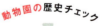

この数字はな〜に？

▽

1885

これは、日本にはじめて水族館ができた年。

日本最初の水族館についてはさまざまな説がありますが、1885年に東京・浅草に開館した「浅草公園水族館」が最初に「水族館」の言葉を使ったという説が有力です。

それ以前には、上野動物園内に「うをのぞき」という施設があったと記されています。

水族館の歴史チェック

▽

1882年	1903年	1913年
上野動物園 観魚室《うをのぞき》（東京都）	堺水族館（大阪府）	魚津《うおづ》水族館（富山県）

※この企画に登場する数字などのデータは、2019年の取材当時のものです。

この数字はな〜に？

91

　日本には日本《にほん》動物園《どうぶつえん》水族館《すいぞくかん》協会《きょうかい》（日動水《にちどうすい》）という組織があり、これに加盟する動物園が91あります。

　これ以外に、協会に加盟しない動物園や動物園のような施設もあります。

　単純な数でいえば中国やアメリカに及びませんが、人口あたりに換算《かんさん》すると、世界1位の数になるという説もあります。

動物園の数字チェック

7施設	5施設	4施設
東京都	神奈川県	北海道

※都道府県別の日動水加盟動物園の数

この数字はな〜に？

▽

57

（水族館の数）

日動水（右ページ参照）に加盟する水族館は、全国に57あります。水族館の数は、正真正銘、日本が世界一です。

その理由は、日本は南北に細長く周囲を海に囲まれ、古くから魚食《ぎょしょく》文化が盛んだったからなどといわれています。

ちなみに、奈良県や鳥取県などには、いわゆる普通の水族館はありません。

水族館の数字チェック

▽

5 施設	5 施設	3 施設
北海道	東京都	神奈川県・静岡県

※都道府県別の日動水加盟水族館の数

この数字はな〜に？

▽

472

（動物の数）

動物園、水族館の展示種数を見てみましょう。
動物園だと、東山動物園（愛知県）が472種類の動物を展示しており、日本一となります。ちなみに、こちら東山動物園は、園内に「メダカ館」があり201もの種類を展示しています。次に多いのが、日本最初の動物園である上野動物園の383種類です。

動物園・水族館の数字チェック

▽

1286種類	1021種類	472種類
鳥羽《とば》水族館	葛西臨海《かさいりんかい》水族園《すいぞくえん》	東山《ひがしやま》動物園

※日動水加盟園館の飼育種数

この数字はな〜に？

1900000

（動物園の広さ）

日本でもっとも広いのは、『姫路《ひめじ》セントラルパーク』（兵庫県）。広大な敷地で自然を再現して動物を飼育する「サファリパーク」部分と、それに隣り合う遊園地もあります。

これに、『九州自然動物公園アフリカンサファリ』（大分県）、『アドベンチャーワールド』（和歌山県）が続きます。

動物園・水族館の数字チェック

1,900,000㎡	1,120,000㎡	1,000,000㎡
姫路 セントラルパーク	アフリカンサファリ 九州自然動物公園	アドベンチャー ワールド

※隣接の遊園地部分を含む広さ

この数字はな〜に？

▽

35

（水族館のガラスの厚さ）

水族館の大きな水槽には大きな水圧がかかるため、頑丈なガラスを使わなければなりません。

そこで、アクリルガラスの出番。耐久性と透明度を兼ね備え、加工もしやすいという性質が役立つのです。

P76などで登場する『アクアマリンふくしま』の三角トンネルでは厚さ35センチメートルのアクリルガラスを採用しているそうです。

アクリルガラスの断面

水族館の数字チェック

▽

60㎝

美《ちゅ》ら海水族館（沖縄県）のアクリルガラスの厚さ

30㎝

海遊館《かいゆうかん》（大阪府）のアクリルガラスの厚さ

その他のおもしろ数字

13.5m

オナガドリの尾羽の長さ。

30,000本

カナダヤマアラシ（ヤマアラシの一種）の針の数。

7,500t

美《ちゅ》ら海水族館（沖縄県）のジンベイザメ水槽の水量。

12〜20頭

テンレック（アフリカトガリネズミ目のほ乳類）の子の数（1回の出産）。最多32頭（乳頭29個）。

30,000匹

オオアリクイが1日に食べるアリ・シロアリの数。

5本

キリンの角の数。

まだある!

おもしろ数字

-上野動物園編-

62 歳

1888年にシャム王国(現在のタイ)から贈呈されたオスのアジアゾウは、62歳まで生きました。

250 ポンド

1902年、ドイツからペアのライオンを250ポンド(日本円で2,474円22銭)で購入。ちなみに、ダチョウペアは90ポンド、ホッキョクグマペアは75ポンドでした。

1911 年

動物園の正門は、1911年に完成したもの(3代目)。現在も旧正門として残されています。

137 年前

1882年3月20日に開園し、2019年で137年目となります。

27 頭

戦争のため「猛獣処分命令」が出され、ゾウ3頭を含めて14種27頭が処分されました。

1931 年

開園50周年を記念して、1931年にサル山がつくられました(現存)。

43 歳

"イケメンゴリラ"の先駆け的存在だったブルブルは、1997年に43歳で天寿をまっとうしました。

1

章

動物園のギモン

しつもん

ゾウはどうやって運ぶの？

START

積み込み

円山動物園提供

２０１８年11月、円山動物園にミャンマーから待望のゾウが４頭来園し、２０１９年３月に公開スタート。円山動物園アドバイザーで旭山《あさひやま》動物園前園長の小菅正夫《こすげまさお》さんがお話してくれました。

DATA

アジアゾウ

体長 ： 3.5mまで

生息 ： 南アジア、東南アジア

特徴 ： ゾウは陸上最大の動物。アジアゾウはアフリカゾウよりやや小型

機内へ

円山動物園提供

かいとう

円山《まるやま》動物園に4頭のゾウがやってきたときの話を特別に公開します!

「ゾウの導入に際し、まずは主な生息地に打診。2014年に日本との国交樹立60周年となるミャンマーと動物を寄贈し合うことに決定。円山では、すでにヨーロッパやアメリカでの視察や実習も済ませて、受け入れ体制は万全です。

ゾウは社会性が高く、メスが群れで安心して暮らすことが繁殖の絶対条件。仲良しのメス3頭とオス1頭での飼育を考え、27歳のお母さんと5歳の娘、15歳のメス、10歳のオスを選出。2017年秋には、ミャンマーの空港近くの飼育場へ集合させ、4頭一緒

円山動物園提供

円山動物園提供

に暮らしてもらいました。また、事前に送っておいた輸送用のおりに入る訓練もスタート。

輸送は飛行機ですが、トラブルにより予定は遅れ、札幌はいつしか冬に。氷点下が予想されるので、空港から動物園までの輸送は防寒も重要です。

輸送当日、ミャンマーの空港では、現地の獣医とゾウ使い、円山動物園園長と獣医、私とで4頭の安全を確認して搭乗。機内ではゾウたちはおとなしく過ごしていました。札幌の空港到着後、飛行機の後部扉から降ろしてテントハウスへと運び、検疫《けんえき》と通関《つうかん》手続きを終え、おりごとトラッ

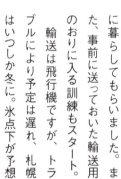

食欲モリモリ

円山動物園提供

クへ。密閉を避けつつ快適な室温を心がけました。また、なるべく親子どうしのおりを密着して安心させつつ運びました。おりの温度計は6℃以上をキープ。

動物園到着は21時。おりをクレーンで屋外放飼場へ運び、ゾウ使いが暖かい室内へ1頭ずつ連れて入りました。23時30分に無事輸送が完了。その日は、獣医、ゾウ使い、飼育係がゾウ舎に泊まり込み、観察を続けました。ゾウはすぐにカボチャやニンジンを食べ、ひと安心。

その後4頭のゾウは、円山

円山動物園提供

円山動物園提供

円山動物園提供

GOAL

のゾウ舎を気に入ったのか、毎日楽しそう。体重も順調に増えました。日々のトレーニングや飼育係の体ケアにも協力的。いつか赤ちゃんが生まれるといいなと期待しています」

しつもん

ゾウのしつけはどうやっているの？

素直に足の裏を見せる

DATA

アジアゾウ

体長 ： 3.5mまで
生息 ： 南アジア、東南アジア
特徴 ： ゾウは陸上最大の動物。アジアゾウはアフリカゾウよりやや小型

かいとう

ターゲット棒にさわることを教え その応用で指示どおりに 動けるようにします

ゾウは飼育係の何倍も体が大きいので、しつけは重要。しつけをはじめる前に、ゾウと飼育係の間に信頼関係をつくるために、「ターゲットトレーニング」を行います。ターゲットトレーニングとは、飼育係の合図によって、ゾウがターゲット棒にさわれるようになるトレーニングのこと。

体が大きく力も強いゾウの飼育は、基本的にさく越し。さく越しでも、ターゲットトレーニングの応用で、飼育係の合図にしたがって足や耳を出してくれれば、きれいに洗ったり、ときには採血したりなどがスムーズにできます。これによって、体の異常に早く気づけたり、獣医が治療をしやすくなったりします。

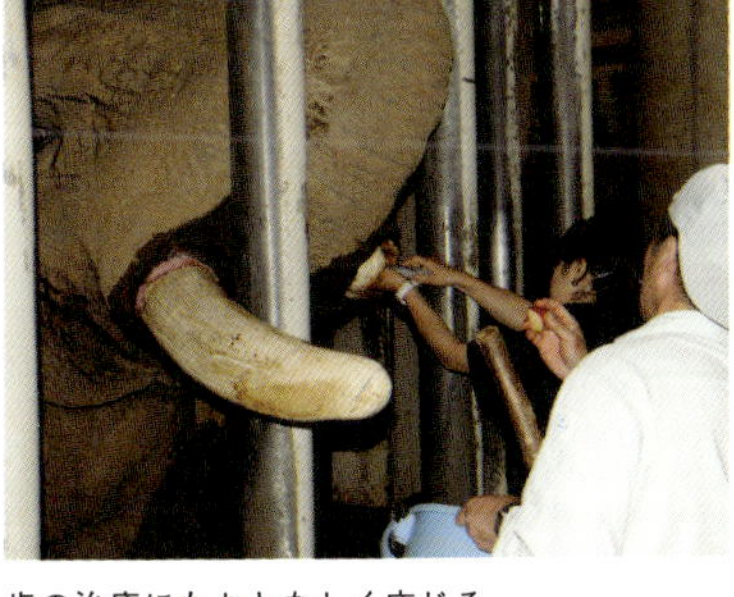

歯の治療にもおとなしく応じる

しつもん

世界三大珍獣を教えて！動物園にいる？

ジャイアントパンダ

DATA

体長　：　1.2〜1.5m
生息　：　中国南西部
特徴　：　クマ科なのに雑食ではなく竹だけを食べる

オカピ

DATA

体長　：　約2m
生息　：　ザイール
特徴　：　シマウマに似ているがキリンのなかま

この3種は、数が少なく、発見が遅く（19世紀から20世紀初頭）、謎に満ちた発見史をもつことから世界三大珍獣といわれます。

ジャイアントパンダは、中国の限られた地域にしかいない希少動物です。上野では1

かいとう

ジャイアントパンダ、オカピ、コビトカバです。上野で一気に見られます！

972年の来園以来、13頭が飼育されました。

オカピはお尻のしま模様から、最初はシマウマのなかまと間違えられましたが、本当はキリン科の動物ですが、キリンとは違い群れをつくらずジャングルで単独で暮らします。

コビトカバはほかのカバほどは水に入らず、深いジャングルで生活するため発見が遅れました。カバの原始的な姿をとどめているとされ、生きた化石といわれています。上野動物園では赤ちゃんも生まれています。

2019年3月現在も、上野動物園ではなんとこの3種が同時に見られます。

コビトカバ　DATA

体長　：　1.7〜1.8m
生息　：　リベリアなどの西アフリカ
特徴　：　体重がカバの20分の1ほどのミニサイズ。森にすむ

しつもん

動物がさくを跳《と》び出すことはありますか?

カンガルーは2・5メートルぐらいなら跳び越えることができます。動物園のさくがそれ以下の2メートル弱でも逃げ出さないのは、飼育場が安全な場所だから。突然びっくりすることがあると、跳び出すことはあります。

ニホンジカは助走なしで2メートル程度のさくを跳び越えることができます。ですが、カンガルーと同様に、跳び越えられる高さでもめったに逃げ出すことはありません。それはさくの外には人間がたくさんいるから。

跳び出す能力のある動物でも、出たくない気持ちにさせるさくのことを「心理さく」と呼んでいます。ただし、草食動物だけに用い、ライオンやトラのような肉食動物には心理さくを使いません。

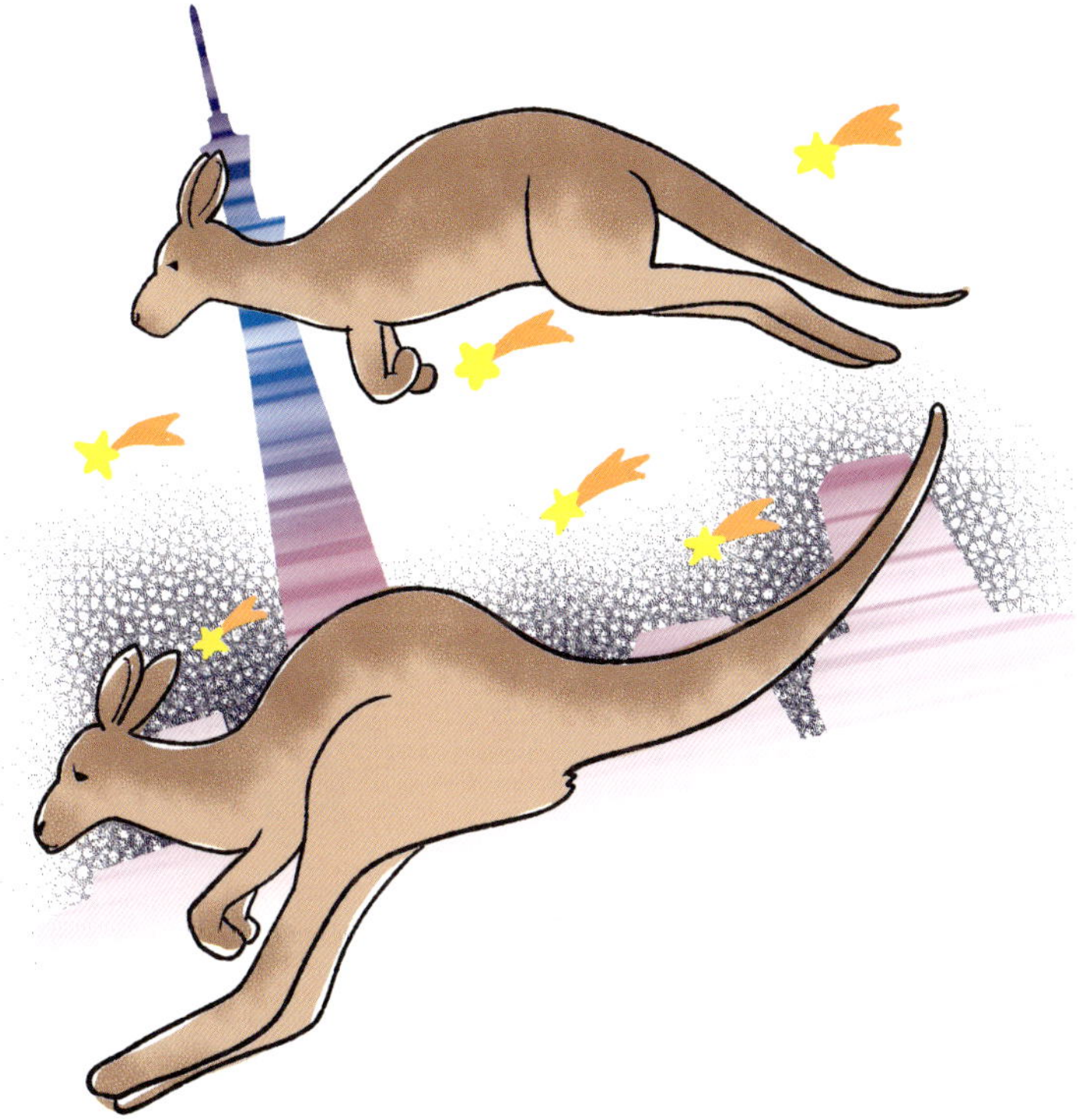

かいとう

めったに跳び出すことはありません!

しつもん

毒のある動物は危険じゃないの？

セイブダイヤガラガラヘビ

DATA

体長　：　80～180cm

生息　：　アメリカ合衆国南部、メキシコ北部

特徴　：　北米で事故の最も多い攻撃的な毒ヘビ

かいとう

人間と同じ空間にいないし危険は予防しています

毒のある動物といえばガラガラヘビやコブラなど。これらの毒ヘビの展示ケースは、無毒のヘビのものより厳重なつくりになっています。扉には鍵をかけ、中が2部屋に仕切れるようになっています。

掃除のときは、ヘビを片方の部屋に移動させ、飼育係は同じ空間に入ることはありません。

ちなみに、上野動物園の両生爬虫類《はちゅうるい》館には、毒ヘビの血清が常備されています。ペットとしてガラガラヘビを飼っていた人が噛まれ、この血清を提供したことがあります。その後、このペットのガラガラヘビは上野動物園に寄贈されました。

しつもん

サル社会(山)にはボスがいるの？

かいとう

ボスはいますが強いオスザルがボスになるとは限りません。

動物園の多くでは、おりやさくで囲むのではなく、人工の山にニホンザルをすまわせ「サル山」形式で飼育・展示を行います。

サル山では、人間社会と同様にサル同士の力関係や順位が生まれます。自然界では、実はサルは母系社会。大人のメスやその子供たちが群れの中心となっており、成長したオスザルは群れから出ていきます。

動物園のサル山では、力の強いオスのボスザルがトップに君臨《くんりん》するといわれていましたが、意外とメスも力をもち、上野動物園でもメスがリーダー的存在だった時期があるのです。

ニホンザル

DATA

体長 ： 47〜70cm

生息 ： 本州〜九州、屋久島、淡路島など

特徴 ： 日本固有種。世界中で最も北にすむサル

しつもん

動物園のクマは冬眠しないの？

ツキノワグマは、自然界では冬眠します。寒さ、静かさ、日長《にっちょう》（昼間の長さ）の短さ、えさ不足などが冬眠の引き金になると考えられています。

とはいえ、騒がしく明るい環境では、寒くなっても冬眠しないことがあります。動物

かいとう

動物園でも冬眠します 冬眠のようすを展示する動物園もあります

園では冬でも十分なえさが得られるため、冬眠をしないツキノワグマがほとんどです。

上野動物園にはツキノワグマが冬眠するための部屋があります。室温をマイナス5℃まで下げてツキノワグマを入れてもすぐに冬眠するわけではなく、えさを与えなくなって3～4日目で冬眠に入りました。寒い東北の動物園では冬の休園期間、静寂がおとずれると冬眠に入るツキノワグマもいます。

飼育係は、飲まず食わずで、寒い冬眠部屋で寝ているクマがはたして生きているかとっても心配です。そして、この問題は首都大学東京（当時）との共同研究で、マイクロ波レーダーを使いクマにさわらなくても呼吸や心拍《しんぱく》を確認することで解決しました。

確認した結果、冬眠中のクマの呼吸数は1分間に3回ほ

DATA

ニホンツキノワグマ

体長　：　1.2～1.6m

生息　：　本州、四国、九州（絶滅したらしい）

特徴　：　胸に白い模様がある。肉食より植物食の多い雑食性

ど、心拍数は10〜20回ということがわかりました。

春先、冬眠が明けて出てきたクマは体重が2割ほど減っていましたが、元気に歩き回っており、3か月ほど寝ていたのに筋肉の衰えは感じさせませんでした。

冬眠中の体温変化と睡眠時間も測定することができました。クマはカメやカエルのように外気温や水温近くまで体温が下がり、動かない状態で冬眠するのではないことも判明。ときどき、寝ぼけたようにあくびをしたり伸びをしたり動くことが観察されたのです。冬眠に入ったばかりのときはまだ寝返りなどが多く、冬眠明けが近づくと動くことが多くなりました。体温は38℃から下がりはじめ、真冬には33℃まで下がり、冬眠明けに向けてまた上昇したのです。

ツキノワグマは冬眠中に出産しますが、上野動物園でも出産が見られ、母親は寝ていながらも、子の鳴き声や動きには反応して授乳し、ちゃんと子育てすることが観察されました。このとき生まれた子グマはその年の冬には母親と冬眠部屋で2頭一緒に冬眠しました。

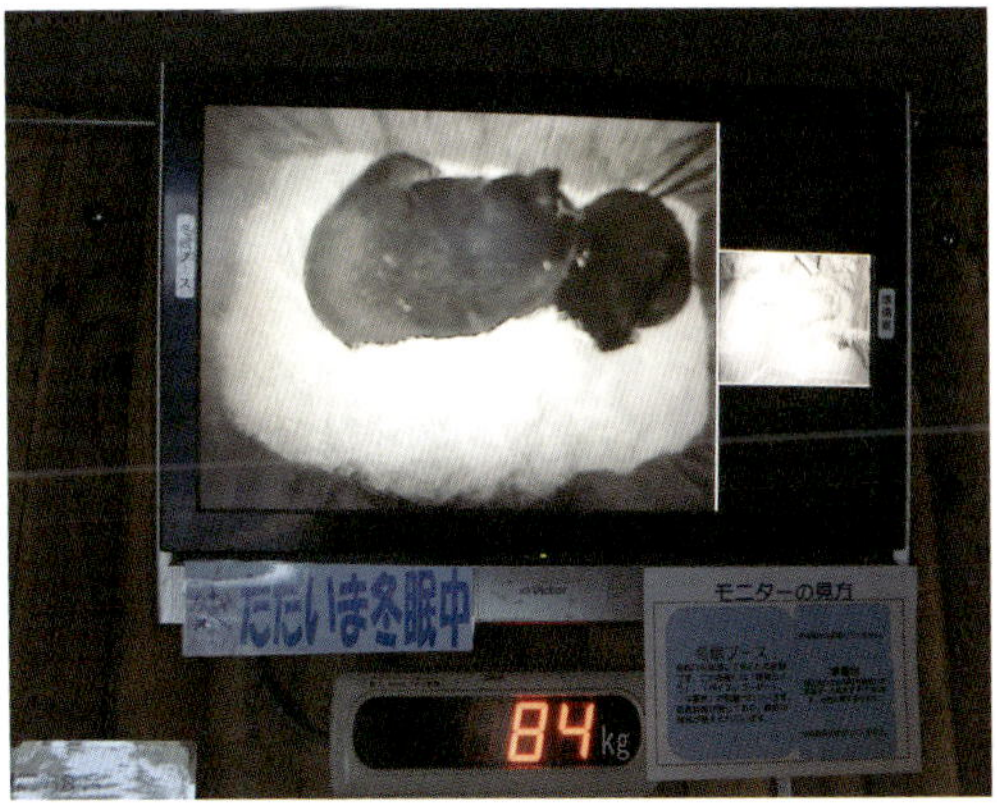

母子の冬眠をモニターで観察

しつもん

動物園に病院はあるの？どんな診察をする？

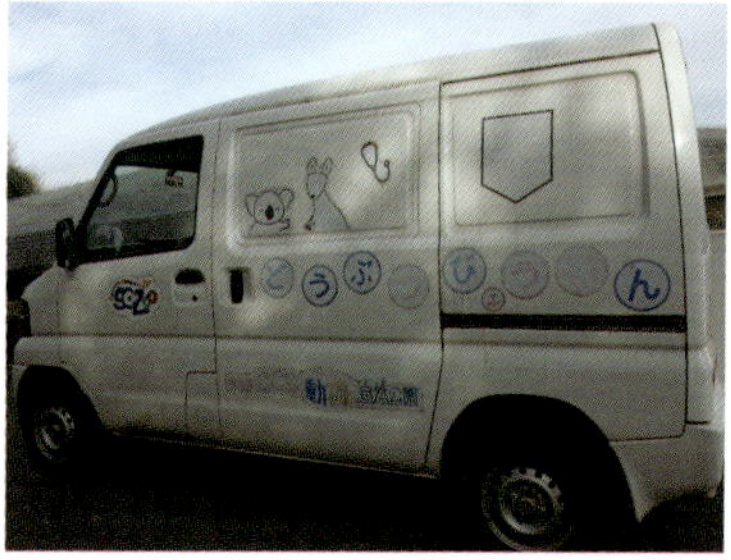

大きな動物園には、敷地内に動物病院があり、専属の獣医師がいます。獣医師が複数いる場合は、それぞれの得意分野や経験を活かして役割を分担できますが、1人しかいない場合は鳥から草食動物、肉食動物などすべての動物を担当しなければなりません。

人間のお医者さんと違い動物園の獣医さんは外科、内科、歯科、耳鼻科それに薬剤師、検査技師、レントゲン技師となんでもこなさなければならないので、ほかの動物園の獣医師同士で情報交換をするなどして、治療や健康管理の知識をアップデートしています。

かいとう

動物病院があり獣医師がいます。採血などもします

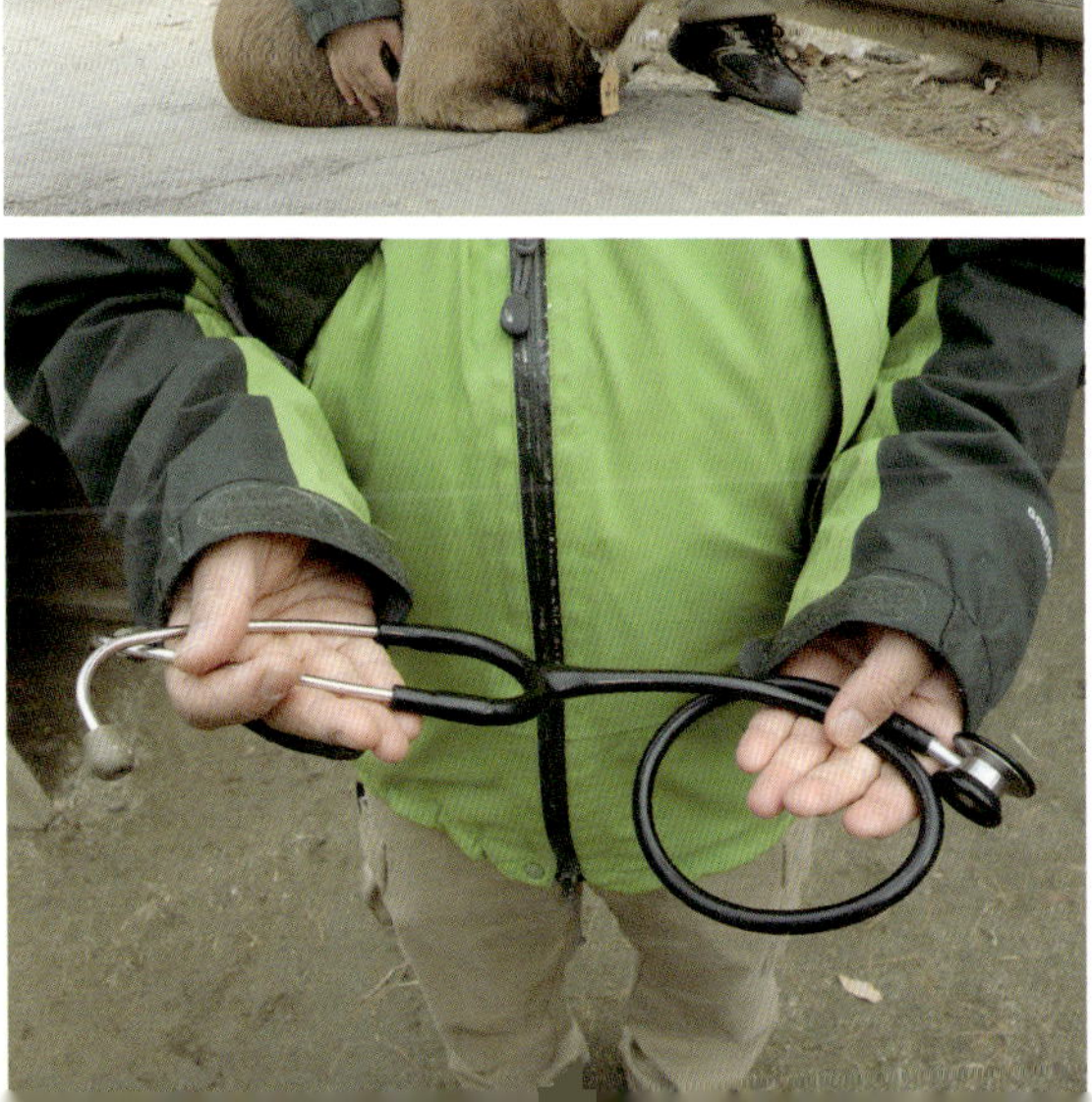

ちなみに、治療のときにつかまえたり、麻酔《ますい》をかけたりするので、獣医師は動物たちに嫌われてしまうそうです

（埼玉県こども動物自然公園・天野洋祐さん　Ｐ１５２）

しつもん

絶滅危惧種《ぜつめつきぐしゅ》の繁殖《はんしょく》への取り組みを教えて？

動物園は、動物を飼育したり見せるためだけの場所ではなく、「種の保全」という大事な役割があります。絶滅の危機にある動物は、大切に飼

かいとう

コウノトリの保全などに取り組んでいます

コウノトリ

DATA

全長 ： 約1.2m

生息 ： 日本、アジア東部

特徴 ： 特別天然記念物。赤ちゃんを運んでくるという伝説がある

育しながら生態や繁殖を観察・研究を行うことで、自然界での保全につながります。

多摩動物公園では、コウノトリの保全に取り組んでいます。集団お見合いを行い、親子や兄妹での繁殖を防ぎ、遺伝的多様性を保てる数多くのペアを各地の動物園や飼育センターに送りだしています。コウノトリの国際血統登録センターの役目を担い、世界中の動物園や保護センターと連携して繁殖に取り組み、日本での野生コウノトリの復活に貢献しています。

しつもん

動物が死んだら？お墓はあるの？

動物は、死ぬまでしっかりと大切に飼育します。

死んだ動物は獣医師が解剖して死因を突き止め、臓器《ぞうき》を標本にしたり、剥製《はくせい》や骨格標本《こっかくひょうほん》にしたりします。希少な動物の場合は、精子や卵子などを凍結保存することもあります。博物館や大学などに送られ、展示や研究材料としても役立っています。

死体の多くは、衛生上の問題などもあるため、焼却されます。教育資料として足型を取ることもあります。

多くの動物園には「動物慰霊碑《いれいひ》」のような記念碑的なお墓はありますが、骨や死体を埋葬することはありません。

かいとう

死ぬまで大切に飼育し
死体は解剖して死因を調べたり
標本などに使われる動物も

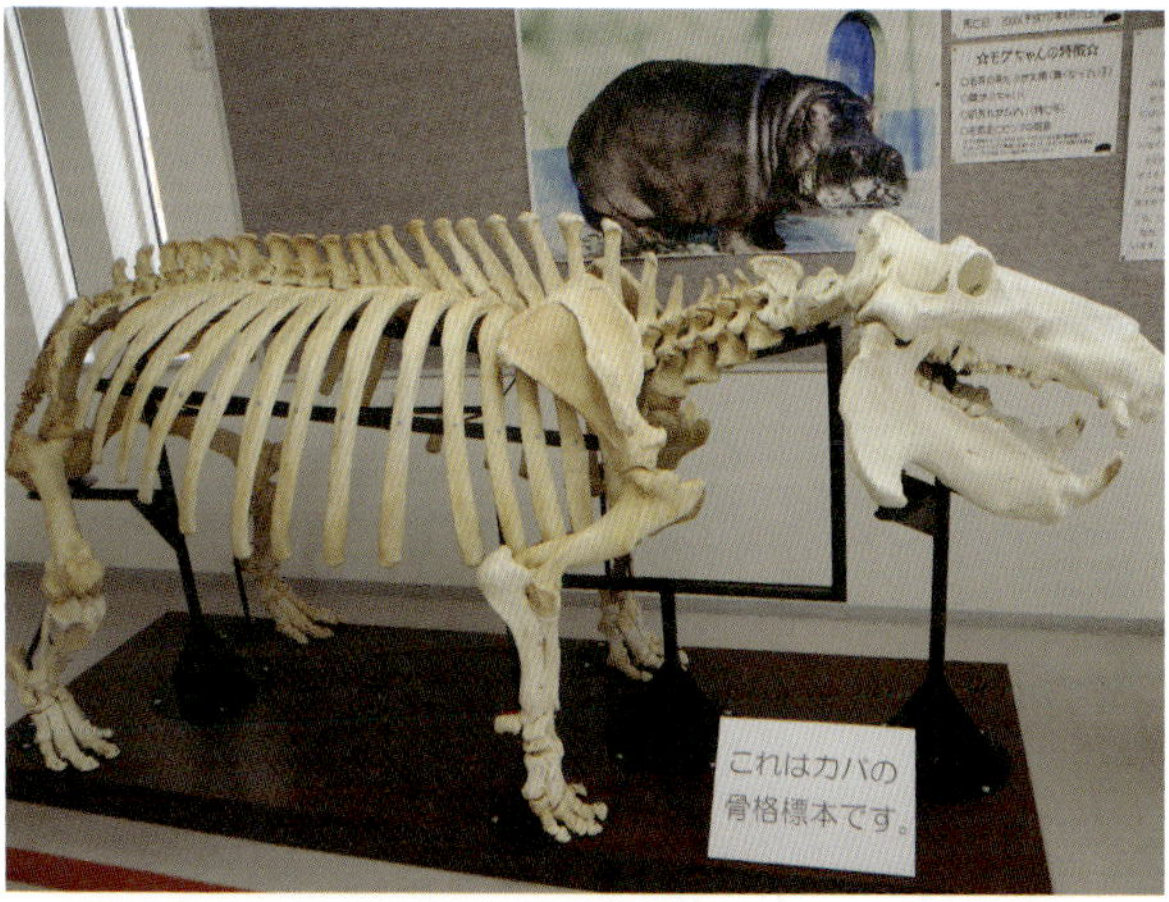

しつもん

パンダの名前は誰が決める？ルールはあるの？

モモコの子だからモモタロウ

上野動物園生まれのトントン

かいとう

人気者は一般公募ですが名前がなく足環《あしわ》の色や数字で呼ばれる動物もいます

パンダのようなスター性のある動物は、一般公募をすることが多いです。アドベンチャーワールドでは、頻繁にパンダの赤ちゃんが生まれ、そのたびに名前を募集しています。名前は、伝統的に「〇浜（ひん）」になるため、ファンの間で予想ゲームが盛り上がります。上野では「シャンシャン」のように繰り返しの名前になります。

普通の動物は飼育係が愛称をつけます。数の多い動物や希少動物で計画繁殖させている種は、名前ではなく番号で識別されます。鳥は足環《あしわ》の色や番号、ペンギンは翼に色別や番号つきのタグをつけその名前で呼んだりします。

園長・館長・飼育係
おすすめの本
1

『ジュニア版
ファーブル昆虫記1-8』
アンリ・ファーブル
訳:奥本大三郎
集英社

『ソロモンの指環-
動物行動学入門』
コンラート・ローレンツ
訳:日高敏隆
早川書房

『シートン動物記』
アーネスト.T.シートン
集英社他

『ガンバと
カワウソの冒険』
斎藤惇夫
岩波少年文庫

『楽しい川べ』
ケネス・グレーアム
訳:石井桃子
岩波少年文庫

『ドリトル先生
ものがたり1-13』
ヒュー・ロフティング
訳:井伏鱒二
岩波少年文庫

『平和を考える
わたしが見た
かわいそうなゾウ』
澤田喜子
今人舎

『オオカミとくらした
少女ジュリー』
ジョージ,
ジーン・クレイグヘッド
訳:西郷容子
徳間書店

『ジャングル大帝』
手塚治虫
学研、講談社他

※出版社は発売当時のものです。
※現在入手できないものもあります。ご了承ください。

2

章

動物たちのギモン

しつもん

コアラの鳴き声は？意外な鳴き声も知りたい！

コアラの声は意外と野太く「ブーブー…」で、まるでブタ。このブーブー声は繁殖期にオスがメスに対して発するものです。メスが嫌がって逃げるときは「キャー」「ギャー」などと鳴きます。

パンダは繁殖期に「ウフフフフ・ウフフフフ…」と甲高

い声で鳴き、飼育係はこれを恋鳴《こいな》きと呼びます。オスとメスを一緒にすると「メェェェ～…」とヤギやヒツジのような声に変身。

キリンは鳴きませんが、子どもは「モ～」とウシのように鳴くことがあります。

シマウマは「ヒヒ～ン」とではなく「グワッハ・グワッハ」とか「ブヒ～・ブヒ～」とロバにそっくり。シマウマはウマよりロバに近いのです。ちなみに、ケープペンギンの英名はジャッカスペンギン。ジャッカスとはロバのことで、ケープペンギンの声はロバそっくりなのです。鳴き声から名前がつきました。

かいとう

コアラはブーブー パンダはウフフなど

しつもん

角がある動物はじゃまじゃないの？

草食動物には角があるものも。敵から身を守る防具の機能をもつほか、自分を大きく見せてほかのオスより優位になるための道具、なわばりやメスの所有をめぐり戦う武器として役立ちます。

角は戦闘やケンカには役立ちますが、多くの場合、ライバルを殺すまで戦うことはありません。角を突き合わせただけで力量がわかり、弱い方が逃げていったり、角の大きさを見ただけで戦わずに勝負がつくことも多いのです。

ところで、有史以前に滅んだ大型ほ乳類にオオツノジカやマンモスがいます。オオツノジカには巨大な角、マンモスには長大な牙《きば》があり、大きくなり過ぎ防具や武器として役立たなくなり、絶滅を早めたと考えられていました。ですが、どちらも人間に狩られ食料として食べつくされたという説が有力です。

かいとう

武器や防具として角は必要で、上手に使いこなしています

しつもん

カモノハシはほ乳類なのに卵を産むって？

日本の動物園や水族館では見られませんが、カモノハシは不思議な動物です。くちばしはカモ、足はカワウソ、尾はビーバーに似ており、なかなか奇妙です。人間と同じほ乳類に分類されますが、赤ちゃんではなく卵を産みます。

カモノハシは2億年ほど前に、は虫類から分かれた初期の原始的な姿のほ乳類とされ、脅威となる動物の少ないオーストラリアの水辺で、卵で生んで子育てをするまま生き残れたのでしょう。ほ乳類のため、母乳で育てますが、お乳はお腹のあたりの皮ふからしみ出してきます。つまり、卵を産む初期のほ乳類としてハリモグラとともに現代まで生き残ったのです。

DATA

カモノハシ

全長：40〜60cm
生息：オーストラリア、タスマニア
特徴：原始的なほ乳類で卵で産まれる「卵生」

かいとう

カモノハシは卵生《らんせい》であるほか珍しい生態をもちます

しつもん

ハシビロコウは大きな魚を丸のみするけど大丈夫?

DATA

ハシビロコウ

全長：約1.2m
生息：アフリカ中央部
特徴：えさをとるとき以外はほとんど動かない

木靴のような大きなくちばしや、鋭い目など、独特の姿で人気のハシビロコウ。動かない鳥といわれていますが、えさの魚が近づいてくるまで、無駄なエネルギーを使わず気配を消してじっと待っているだけです。魚が寄ってきたら、くちばしをすごいスピードで振り下ろしてキャッチ！ 自然界ではハイギョやナマズを狙いますが、動物園ではえさとしてコイやフナなどの淡水魚を与えます。

大きな魚を丸飲みするために、のどは大きく広がるようになっています。また、魚丸ごと1匹の消化には時間もエネルギーも必要なことも、普段あまり動かない理由の一つともいわれています。

かいとう
どんなに大きくても
飲みこめれば
ちゃんと消化できますよ

しつもん

カピバラは自分の名前がわかるの？

カピバラなどの動物は、コミュニケーションに人間のような言葉は使わず、においやしぐさ、距離の取り方、鳴き声などで会話します。

そのため、人間がカピバラにつける名前の「意味」は当然理解できません。ですが、合図として自分の名前を覚えていて、名前を聞いたときには「えさをもらえる」などと期待し、カピバラも反応するようになるのでしょう。

また、飼育係に呼ばれるときの目線などで、「自分が呼ばれているのかも!?」とは思っている可能性はあります。

かいとう

「意味」ではなく「合図」として理解しているかも

カピバラ

DATA

体長 : 1〜1.3m
生息 : パナマ〜南アメリカ
特徴 : 世界最大のげっ歯類（ネズミのなかま）

しつもん

ライオンとトラはどちらが強い？ケンカは？

ライオンもトラも肉食動物ですが、同じ空間で飼うことはないし、野生でも同じ地域には分布していないので戦うことはありません。

でももし、戦ったとしたら……!? ライオンは群れで生活しますから、数頭どうしの

DATA

ライオン

体長 ： 1.6〜2.5m

生息 ： アフリカ、インド西部

特徴 ： オスは立派なたてがみをもつ

戦いならライオンが有利かもしれません。

1対1だったら単独生活のトラが有利かもしれません。

昔、上野動物園で、ライオン舎とヒョウ舎を区切る扉が少しだけ上がっていたことがあり、そのすきまからヒョウの頭がライオン側の中に入ってしまい、ヒョウはメスのライオンに咬《か》み殺されてしまいました。圧倒的にライオンが強かったようです。

かいとう

一緒にいないので不明。もし戦えばライオンが有利!?

DATA

トラ

体長：1.5〜3m
生息：南アジア、東アジア
特徴：ネコ科最大。黒いしま柄をもつ

しつもん

アイアイってかわいくないの？

「アイアイ・アイアイ・おさるさんだよ～♪」という歌のためかわいらしいイメージがあるようですが、はじめてアイアイを見て、「思ったより大きい」「悪魔の化身みたい」と驚く人も。

　生息地マダガスカルでも、夜行性のため見たことのある人はほとんどいません。現地では「アイアイを見たら殺さないと、自分が死ぬ」という迷信まであるほどです。

　アイアイの中指は異様に細長く、木の実に歯で穴を開け中指を指し込んで中身を食べます。動物園でキュウリを与えると、中指で芯の部分だけを食べ竹輪状になったキュウリの皮を残したことも。

　闇夜に適応した大きな耳と目、全身真っ黒な毛、魔法使いのような中指から迷信が生まれ、森の減少もあり、希少《きしょう》種《しゅ》になっています。上野動物園はマダガスカルの動物園とアイアイ飼育を通じて交流し、世界規模でのアイアイ保全に貢献しています。

かいとう

体が大きく真っ黒で悪魔を連想させる見た目！

アイアイ

DATA

全長　：約90cm

生息　：マダガスカル

特徴　：サルのなかまだがリスやネズミに似ている

しつもん

子育て上手な動物は？

かいとう

動物はみんな子育て上手。でないと、絶滅しちゃう！

動物はみんな子育て上手ですが、動物園の動物のなかには子育て下手なお母さんもいます。多摩動物公園ではじめて子を産んだアフリカゾウのアイは子の扱いがわからずに乱暴に足で蹴飛ばしました。

子を助けようとベテラン飼育係の佐藤節雄さんが扉を開け、声をかけると、アイは落ち着きを取り戻し、子を優しく扱い授乳もできました。

ゾウは母系社会で、経験のあるお母さんやおばさんゾウが娘の初産《ういざん》に立ち会います。アイの初産時、できるだけ静かにと、飼育係はモニター越しに見守るだけだったので、かえってアイは不安になり、佐藤さんに声をかけられ我に返ったのでしょう。

子のパオは無事育ち、次の子マオ出産時はゾウ飼育係総出《そうで》でアイを励ますと最初から上手に子育てができました。

しつもん

北極のシロクマが日本で暮らせるわけは？

北極の動物は毛や羽が白くなり、雪や氷の世界にとけ込んで生きています。シロクマ（ホッキョクグマ）はDNA解析で、ヒグマにごく近いことが判明。毛色が違うだけで、ヒグマやツキノワグマと同様にいろいろなえさを食べてくれ飼育しやすく、昔から動物園でも飼われてきました。

ホッキョクグマは上野動物園でも明治時代から飼育し、ホッキョクグマ舎は北向きで深いプールつきです。21世紀の改造で、出産時用のための産室《さんしつ》は冷房完備で、監視カメラで出産のようすがわかるようにしてあります。

ただし、最適な環境には莫大《ばくだい》な経費と電気エネルギーが必要です。ドイツのライプチヒ動物園ではホッキョクグマの飼育展示を諦めました。将来、動物の飼育環境の基準が厳しくなり、ホッキョクグマやペンギンなどは本来の生息環境のように海水で飼える、限られた海辺の水族館でしか見ることができなくなるかもしれません。

かいとう

環境にお金がかかりますがクマのなかまなので飼育はしやすいです

ホッキョクグマ

DATA

体長 ： 1.8〜2.8m

生息 ： 北極圏など

特徴 ： 陸上にすむ最大の肉食獣

ゾウのうんちのノート、パンダのうんちのメモパッド

しつもん

動物のうんちはどうしてるの？

動物のうんちは、単純にゴミとして処理するほか、さまざまな用途に使うこともあります。まず、落葉やおがくず、寝床に敷くわらなどと一緒に発酵《はっこう》させると有機肥

かいとう

有機《ゆうき》肥料にしたり農家さんに配ったりすることも

シマウマのうんちはそら豆型

ゾウのうんちは1日50～100kg、1個1～1.5kg

料になります。それらは、園内の植物を育てるための肥料として使ったり、農家の人に配ったり、売ったりなどできます。

また、ゾウのうんちを再生紙としてリサイクルし、「ぞうさんペーパー」として販売したり、ノートなどのグッズとして売り出したりする動物園もあります。

うんちのほか、角や羽、甲羅《こうら》などの落とし物は標本として飾ったり、教材として使われることもあります。

しつもん

カンガルー、ワラルー、ワラビーの違いは？

カンガルーとワラビーは同じカンガルー科。どちらも、メスのお腹に赤ちゃんを育てるポケット「育児のう」をもつ「有袋類」です。カンガルーとワラビーがどう違うかといえば、大きさだけ。小型のカンガルー科の動物をワラビーと総称するだけなのです。

その中間的なサイズのもの

カンガルー（アカカンガルー）

ワラビー	
体長	40〜90㎝
尾長	40〜90㎝
全長	80〜180㎝

ワラルー	
体長	80〜110㎝
尾長	70〜90㎝
全長	150〜200㎝

カンガルー	
体長	90〜140㎝
尾長	80〜110㎝
全長	170〜250㎝

かいとう

大きさの違いで呼び分けているだけです

がワラルーとなります。

大きさの目安は、上の表のとおり。

みんなメスよりオスのほうが大きく、ワラビーと名前につくものは40種ほどいるため、このように幅があります。

ワラビー（ダマワラビー）

ワラルー（ケナガワラルー）

しつもん

ヒョウ、ジャガー チーターの違いを教えて！

ヒョウ DATA

体長 ： 1〜1.9m

生息 ： アジア、アフリカ

ジャガー 00000 DATA

体長 ： 1.1〜1.8m

生息 ： 中央アメリカ、南アメリカ

チーター DATA

体長 ： 1.1〜1.4m

生息 ： アフリカ、西アジア

かいとう

よく観察すれば 斑点《はんてん》模様で 見分けることができます

ヒョウ

ジャガー

チーター

ヒョウは花柄模様で、数個の黒い斑点の花柄模様が円形に並んでいます。

ジャガーも花柄ですが花がヒョウより大きく、四角かったり五角形や六角形だったりで、真ん中に斑点がある模様もみられます。

チーターは黒い円い斑点模様で、少し大きな斑点の間に極小さな斑点が並んでいます。

暗いジャングルにすむヒョウやジャガーには全身が真っ黒なクロヒョウやクロジャガーがいます。ですが、クロヒョウもクロジャガーもよく見ると花柄模様がついています。

明るいサバンナにすむチーターにはクロチーターはいませんが、斑点がつながり細長くなった個体がいて、キングチーターとよばれています。

しつもん

ムササビとモモンガの違いを教えて！

一番見分けやすいのは大きさで、ムササビは鼻先から尾の先までの全長が80㎝以上あるのに対し、モモンガは30㎝以内と小型です。ムササビの滑空姿《かっくう》は座布団が飛んでいるようですが、モモンガはせいぜいハンカチ程度です。

皮膜《ひまく》を広げた滑空姿は、ムササビは五角形に見え、モモンガは四角形に見えます。

巣穴から顔を出したとき、ムササビの顔には白い模様がありますが、モモンガは模様がなく、目がクリクリしていて大きく見えます。

ムササビは北海道にはいませんが、モモンガは北海道にもいます。ムササビとニホンモモンガは日本固有種で本州・四国・九州にすんでいます。北海道にはユーラシア大陸と同じ種類のエゾモモンガがすんでいます。

ムササビ

DATA

全長 ： 80cm以上
生息 ： 本州・四国・九州
特徴 ： リスのなかま。顔に白い模様

ニホンモモンガ

DATA

全長 ： 30cm以内
生息 ： 本州・四国・九州
特徴 ： リスのなかま。夜行性。目が大きい

かいとう

大きさ、飛ぶ形
顔つきで見分けられます

園長・館長・飼育係
おすすめの本
2

『動物園ではたらく』
小宮輝之
イースト・プレス

『どうぶつえんのたんけん』
文:なかのひろみ、
写真:福田豊文
福音館書店

『みんなが知りたい動物園の疑問50』
加藤由子
ソフトバンク・
クリエイティブ

『動物園学』
Geoffy Hosey他
訳:村田浩一,楠田哲士
文永堂出版

『今日も動物園日和』
小宮輝之
角川学芸出版

『動物が好きだから』
増井光子
どうぶつ社

『獣医さんだけが知っている 動物園のヒミツ 人気者のホンネ』
監修:北澤功
日東書院本社

『動物園から未来を変える ニューヨーク・ブロンクス動物園の展示デザイン』
川畑裕人
本田公夫
亜紀出版

『モユク・カムイ』
旭川市旭山動物園

※出版社は発売当時のものです。
※現在入手できないものもあります。ご了承ください。

3章

水族館のギモン

しつもん

魚は水槽にぶつかるの？ぶつかっても割れない？

大型水槽のガラスは、家庭にあるような金魚やメダカの水槽とは違い、とても厚いアクリルガラス製。透明度が高いのに、頑丈なのでまず割れることはありません。

そのうえ魚には側線(そくせん)というセンサーのようなものがついています。ガラスの壁や障害物などを察知《さっち》してぶつからないように泳ぐことができます。

ただし、魚の中でもマンボウのように泳ぎが下手なものもいます。マンボウはガラスにぶつかると死んでしまうこともあるので、水槽内にビニールシートを貼っているところもあります。

かいとう

ぶつからないし
水槽が頑丈なので割れません

しつもん

水槽の水がいつもきれいなのはなぜ？

水族館の水槽の多くでは、常に水を循環《じゅんかん》させています。また、不純物を取り除いて、殺菌して戻すろ過システムを

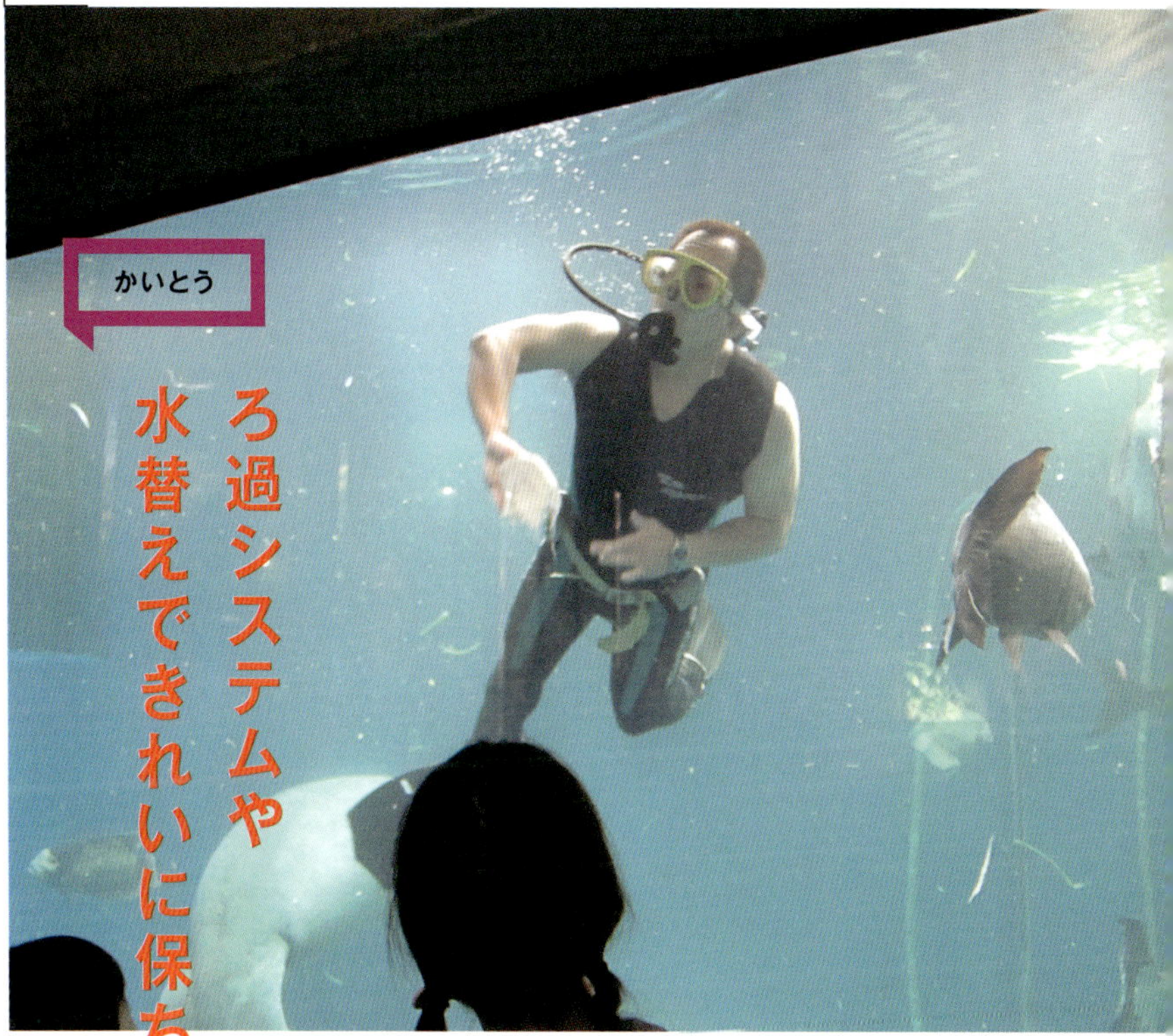

かいとう

ろ過システムや水替えできれいに保ちます

導入しているところがほとんどです。

それから、飼育係が定期的に水替えをする水槽もあります。

ちなみに、どんなに水槽をきれいにしても、1日の終わりの夕方になると、えさの食べ残しや排泄物《はいせつぶつ》でにごってくることも多いです。

そのため、朝のほうが水槽の透明度は高いといえます。

さらに、魚たちも夕方よりも朝のほうが新鮮な気持ちで人を見るため、好奇心旺盛で活発な姿を見せてくれます。

しつもん

マンボウなど大きな魚の運搬《うんぱん》方法は？

水族館の魚は、スタッフが海や川に出かけて採集したもの、漁師さんに協力してもらって集めたもの、業者さんから買ったものが中心。ほかの水族館との交換でやってくるものもいます。

魚を運ぶときは、大きさや数によって異なりますが、
①専用の活魚《かつぎょ》輸送車で輸送
②車に水槽を積み込んで輸送
③酸素を入れたビニール袋に入れて輸送

などの方法があります。いずれの場合も魚が傷つかないよう慎重に行います。

マンボウなどは、大きな体に似合わず意外とデリケートなので、輸送にかなり気を使うそうです。

かいとう

専用の輸送車などで慎重に運び込みます

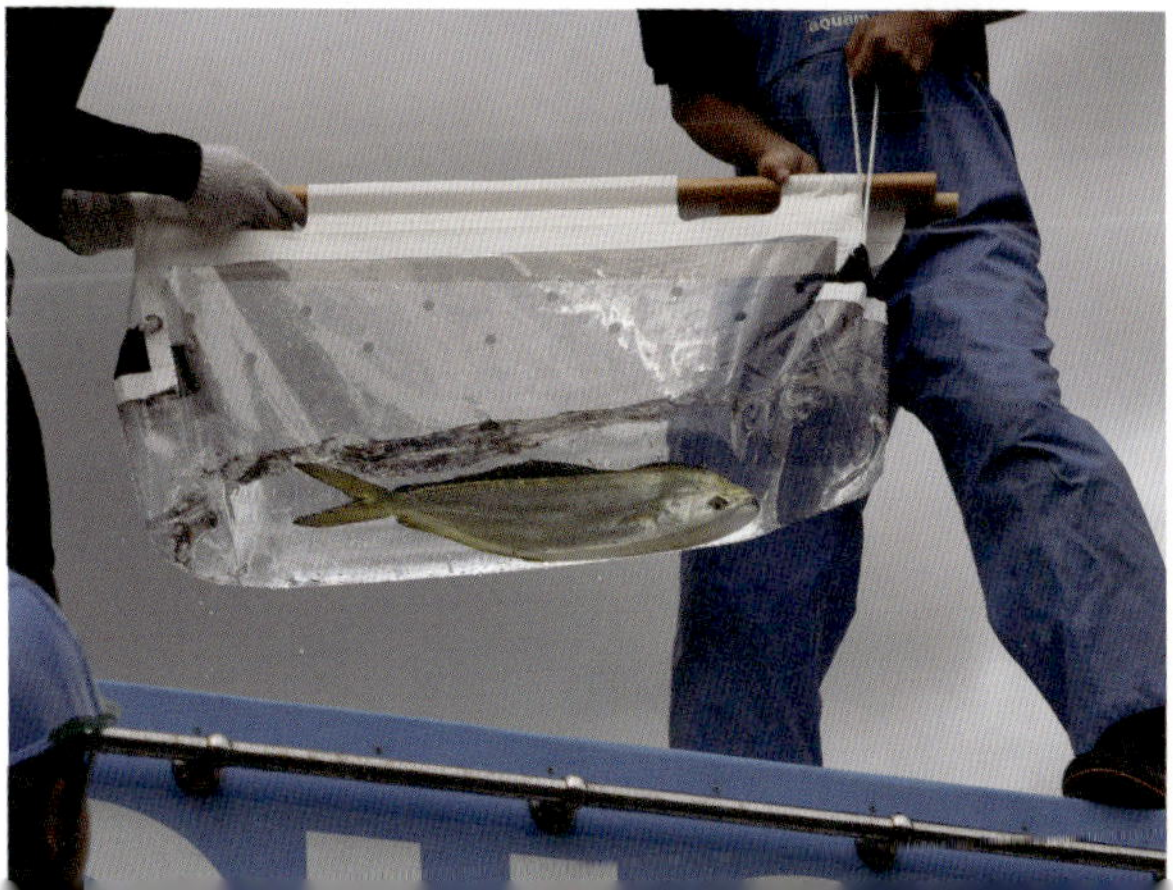

しつもん

狭い水槽の中でけんかしたりサメが魚を食べたりしない？

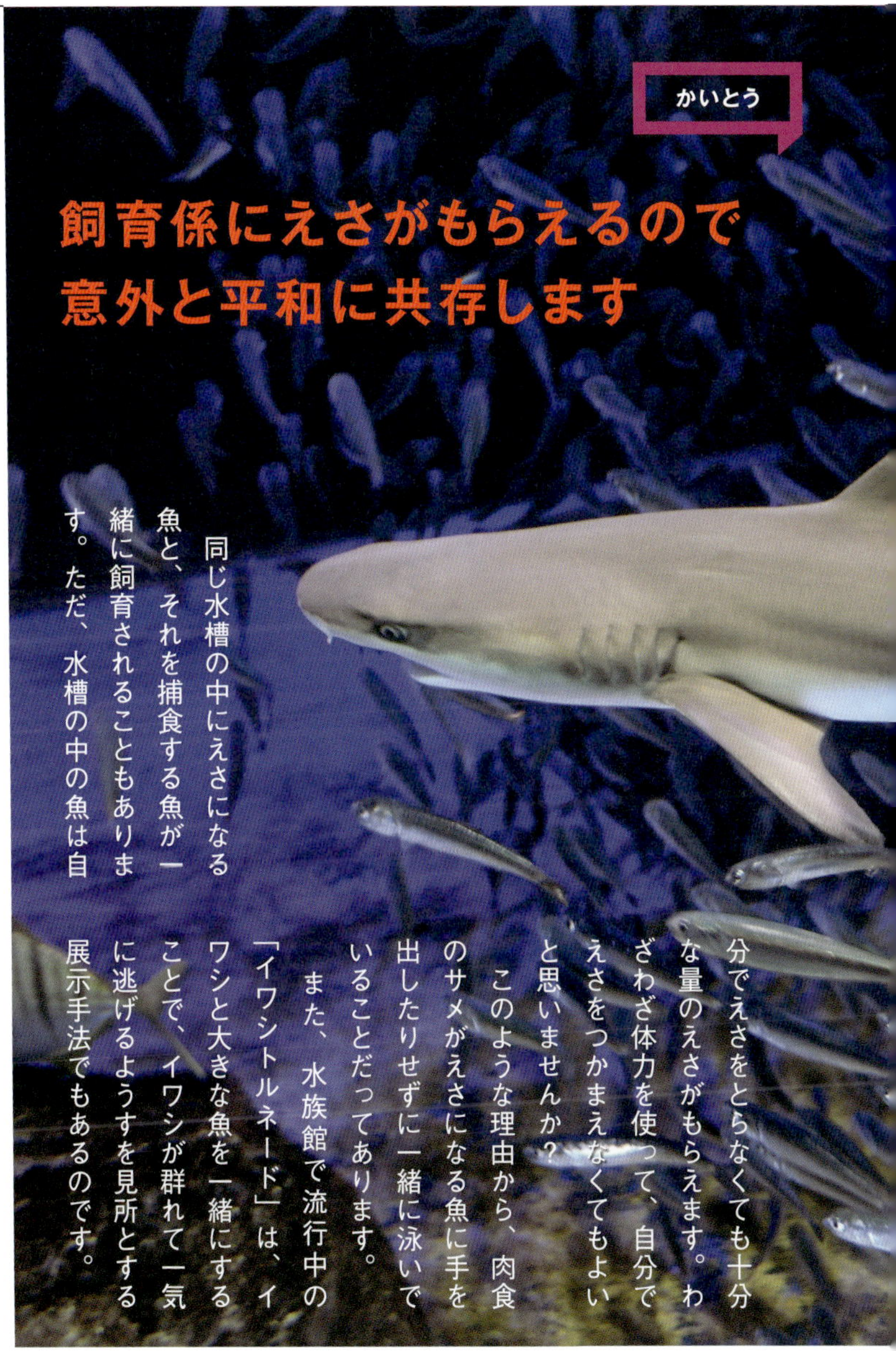

かいとう

飼育係にえさがもらえるので意外と平和に共存します

同じ水槽の中にえさになる魚と、それを捕食する魚が一緒に飼育されることもあります。ただ、水槽の中の魚は自分でえさをとらなくても十分な量のえさがもらえます。わざわざ体力を使って、自分でえさをつかまえなくてもよいと思いませんか？

このような理由から、肉食のサメがえさになる魚に手を出したりせずに一緒に泳いでいることだってあります。

また、水族館で流行中の「イワシトルネード」は、イワシと大きな魚を一緒にすることで、イワシが群れて一気に逃げるようすを見所とする展示手法でもあるのです。

しつもん

アンコウなどの深海の生き物がなぜ水族館にいるの？

水圧の高い深海で暮らす深海魚は、浮袋《うきぶくろ》を使って浮力の調整をしています。

アンコウなどの深海魚は、深い海から急に引き揚げると、浮袋の中の気体が膨らんで内臓が口から飛び出したりするため、時間をかけてゆっくり魚を引き揚げ、徐々に地上の水圧にならしていきます。そうすると、地上にある水族館の水槽でも飼育できるようになります。

また、浮袋に注射器を刺し、ガスを抜くことで、水族館の水槽での生活になれてもらう方法もあります。

かいとう

さまざまな方法で地上の水圧になれてもらいます

この装置で水圧を下げて魚をならす

しつもん

魚は眠るの？

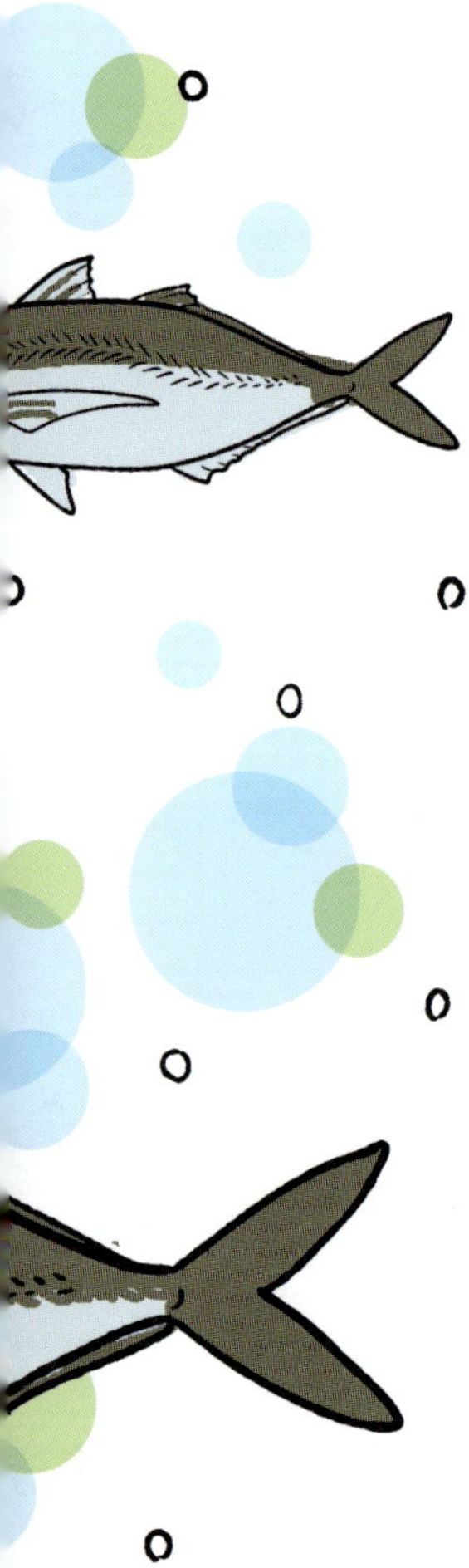

日没後は砂に潜ってじっとしている魚、逆に夜行性で日中は休んでいる魚、寒い冬は冬眠する魚などがいます。

ただし、休んでいても魚にはまぶたがないので、起きているのか眠っているのかは見た目からはわかりません。

そのほか、常に泳いでいるマグロなどの回遊魚は、泳ぎながら睡眠のような休憩を取っているともいわれています。

ちなみに、夜になると眠る以外に体色を変える魚がいます。カスミチョウチョウウオは、昼と夜とで色が異なります。昼と夜とで、周りに合わせた保護色になるためでしょう。

かいとう

横になって熟睡はしませんが それぞれの方法で休息を取ります

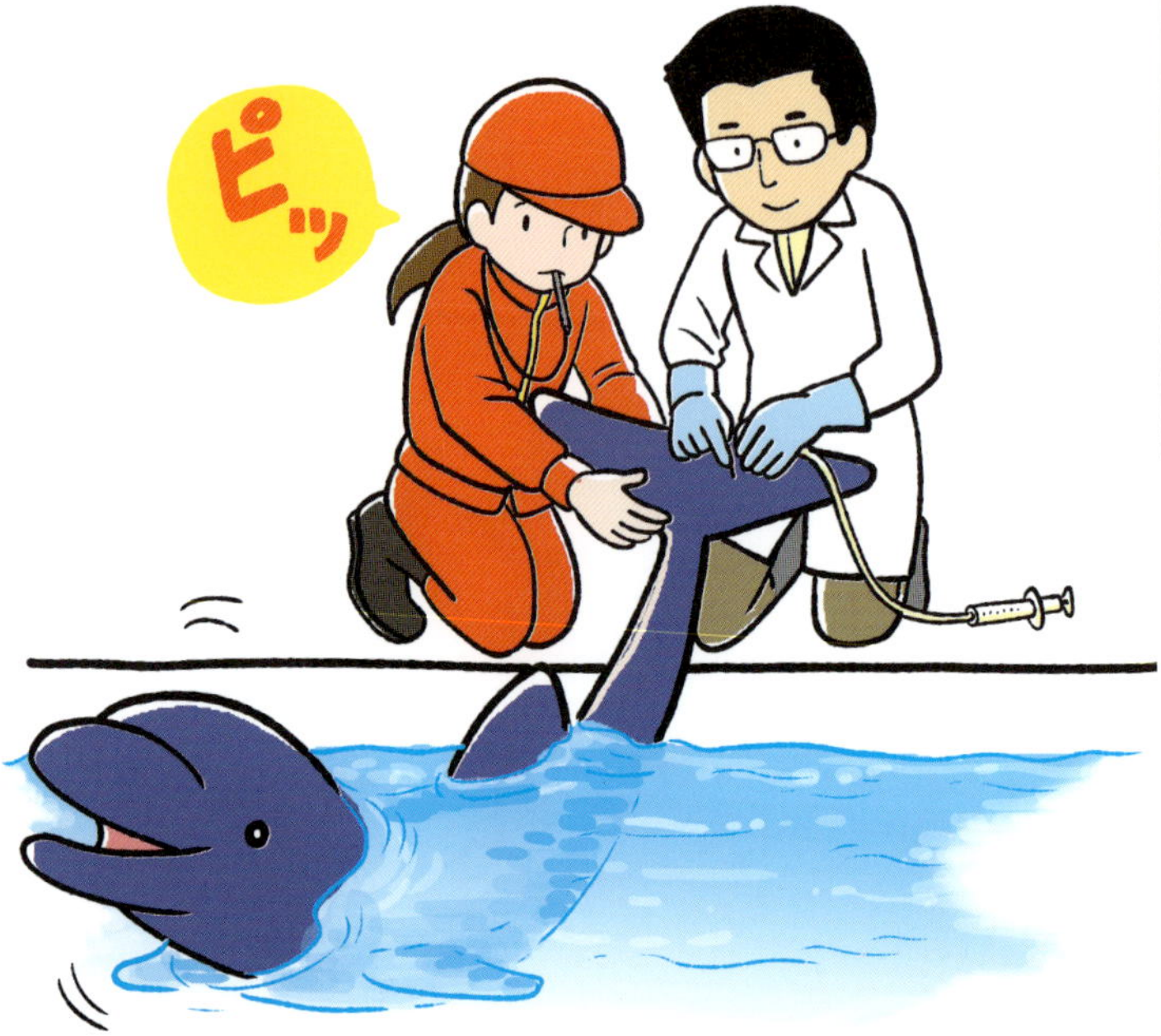

しつもん

泳いでいる魚やイルカはどうやって診察するの？

魚はずっと泳いでいるため触ったり、薬を飲ませたりすることができません。だから、魚の健康を保つために、ちょっとの変化を見逃さないことが重要。同じ水槽内で1匹が感染症にかかると、ほかの魚にうつらないようにすばやく隔離しなければなりません。

イルカなどの海獣類は、病気になる前から日常的に、採血や検温などをしやすい体勢を取ることを学習させる「ハズバンダリートレーニング」を行い、健康管理や治療に役立てています。

このハズバンダリートレーニングが応用され、動物園のゾウやキリンなどもこの方法での健康管理が行われるようになりました。

かいとう

不調の魚は隔離《かくり》します。イルカはハズバンダリートレーニングで健康管理

しつもん

毒のある魚や光る魚を教えて！

ヒカリキンメダイ

アオメエソ

トラフグ

キタマクラ（フグのなかま）

ヒカリキンメダイという深海魚は、目のあたりに発光器《はっこうき》があり、そこにすむ発光バクテリアによって目が光っているように見えます。

また、目が光るメヒカリとよばれているアオメエソという魚は、猫の目のように光を反射させることで、目が緑色に光ります。

エビやカニのなかまであるウミホタルは、襲われたときなどに敵の目をくらませるために発光液を放出します。

毒のある魚といえば、肝臓や卵巣に猛毒をもつフグ。そのほか、メバルも食べておいしい魚ですが、ヒレに微量の毒を含みます。

危険なのがエイで、尾にあるトゲに毒があり、水族館で飼育係が刺される事故も起きています。

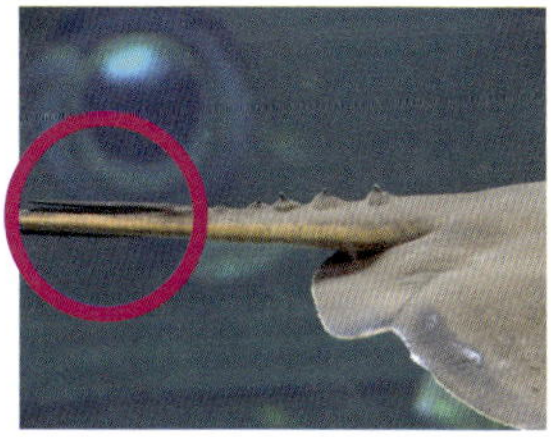
エイの尾

かいとう

水族館には意外と毒をもつ魚が多くいます

しつもん

魚は死んだらどうするの？ 人気がなくなったら？

魚が死んだら感謝の気持ちを込めて死体を処理します。慰霊碑《いれいひ》があるところは、定期的に慰霊祭《いれいさい》を行います。

また、解剖して死因を調べる、標本をつくる、研究機関や博物館に提供するといったこともあります。

食べられる種類の魚が死んだらみんなでおいしくいただ…くことはありません。ちなみにもし食べても、自然界の魚ほどおいしくないとか。

それから、人気がなくなった魚や展示が終わった魚を処分するようなことはあ

りません。観客から見えない裏側のバックヤードに移し、静かに暮らしてもらいます。必要に応じてまた展示用の水槽に戻ったり、希少な種類の魚やイルカなどの海獣は、繁殖のための別の水族館にあずけられたり、交換されたりします。

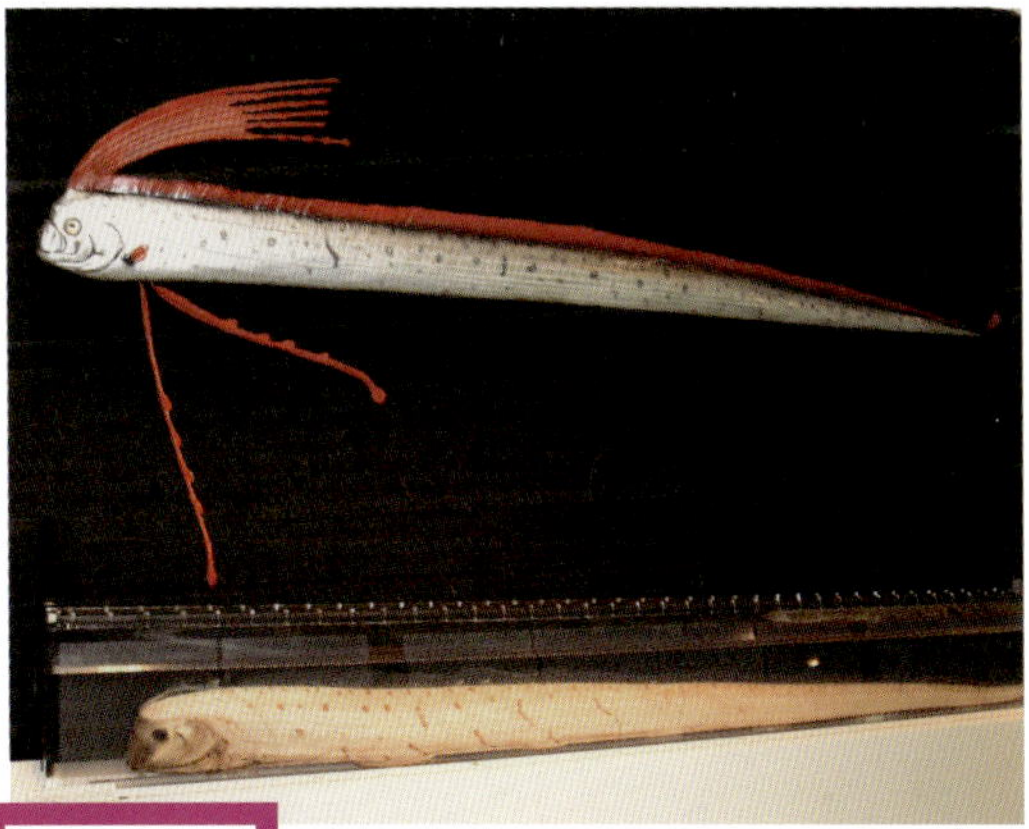

かいとう

死ぬまで大事に飼育し死んだら解剖などをします

園長・館長・飼育係

おすすめの本 3

『学習漫画 早わかり! 水族館のしくみ』
安部義孝
集英社

『続アクアマリン発 -七つの海のフィッシュストーリー』
安部義孝
歴史春秋社

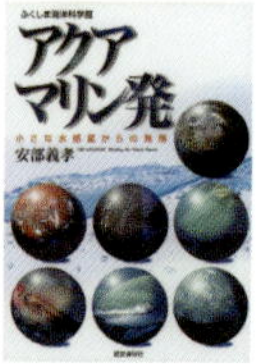

『アクアマリン発 -小さな水族館からの発信』
安部義孝
歴史春秋社

『水族館をつくる』
安部義孝
成山堂

『水族館の仕事』
西源二郎、猿渡敏郎
東海大学出版会

『ゴンベッサよ永遠に』
末広陽子
小学館

『長浜高校 水族館部!』
文:令丈ヒロ子
絵:紀伊カンナ
講談社

『水族館』
鈴木克美
法政大学出版局

『ガサガサ探検隊』
中本賢
つり人社

※出版社は発売当時のものです。
※現在入手できないものもあります。ご了承ください。

4 章

水の動物たちのギモン

しつもん

シーラカンスってどんな魚？水族館で飼える？

シーラカンスは、古生代デボン紀から3億5千万年前の石炭紀《せきたんき》の間に出現し、今も当時と同じ姿をしていると考えられます。絶滅したとされていましたが、1938年に南アフリカで、1952年にイ

DATA

シーラカンス

全長：最大2m

特徴：水深150〜700メートルにすむ深海魚

ンド洋のコモロ諸島で捕獲されました。１９９７年にはインドネシアで発見され、ＤＮＡ解析によりインドネシアシーラカンスとして新しい学名が与えられました。
シーラカンスはワシントン条約によって第一級の希少動物とされ、捕獲や移動が厳しく制限されています。謎だらけのため、水族館での飼育は現実的ではありません。標本も取り扱いは慎重ですが、アクアマリンふくしまでは、シーラカンス胎児の実物標本展示を行ったことがあります。

かいとう

たとえるなら、生きた化石。まだ水族館で飼育されたことはありません

しつもん

凶暴なカワウソがいるの？

オオカワウソ

コツメカワウソ

ビロードカワウソ

カワウソには12もの種があり、日本の動物園や水族館で見られるのはコツメカワウソ、ツメナシカワウソ、ユーラシアカワウソなど数種のみ。顔やしぐさがかわいらしいため人気がありますが、肉食性で気性が荒い一面も。中でも南アメリカなどにすむオオカワウソは凶暴。全長がコツメカワウソの2倍、2メートル近くあります。ジャガーを撃退した、サルをかみ殺した、などというニュースまで。でも、希少動物なのできちんと保護しなければなりません。

ビロードカワウソも日本の動物園で飼ったところ、攻撃的で長靴に咬《か》みついたりしたそうです。一方コツメカワウソはよく人になれます。

同じカワウソといっても、見た目だけでなく性質にも違いがあるのです。

かいとう

オオカワウソは超凶暴でビロードカワウソも攻撃的。コツメカワウソは温厚

しつもん

魚はにおい、音がわかる？

かいとう

においも音も きちんと認識できます

魚にはほかの動物と同様に視覚《しかく》、聴覚《ちょうかく》、触覚《しょっかく》、味覚《みかく》、嗅覚《きゅうかく》があります。

魚は水中で暮らすため、水に溶けた物質であれば、においや味として感知することができますが、におい（嗅覚）なのか、味（味覚）なのか、その区別はあいまいです。

とはいえ、これらの能力のため、異性のフェロモンを感じ取ることができるし、サケが海から生まれた川に帰ることができるというわけ。

音についても、ほかの動物のような耳の形になっていないだけで、魚の体内には内耳《ないじ》という器官があります。この器官により音を感知することができます。

しつもん

チンアナゴやクラゲのえさを教えて！

クラゲは、触手《しょくしゅ》を長く伸ばしてプランクトンをつかまえて食べます。水族館では、生きたアルテミア（プランクトン）を与えます。アルテミアは、昭和の時代に流行したシーモンキーも同じものです。また、観賞魚のえさとしてブラインシュリンプの名前で流通しています。

チンアナゴには冷凍したコ

かいとう

プランクトンを与えます

ペポーダ（こちらもプランクトン）を与えています。

チンアナゴは水族館の人気者ですが、砂にもぐったり、あちこち向いたりと気ままなもの。水槽内で循環《じゅんかん》させる水にえさを混ぜることで、えさが出る方向をいっせいに向くように工夫する水族館もあるそうです。

しつもん

ナマズは地震の前、騒ぐの？

「ナマズが暴れると地震が起きる」という説は古くからあり、江戸時代の『安政見聞誌《あんせいけんぶんし》』という書物にも地震ナマズについての記述があります。

確かに、ナマズの皮ふは非常に敏感で、微量の電気をすばやく察知する能力があるといわれています。

ナマズだけでなく、渡り鳥やトカゲなど、さまざまな動物が地震の前に普段と違う行動を見せることは確認されています。

とはいえ、動物の地震予知能力にについては疑問の声もあります。もちろん、ナマズは地震を予知する…信じたほうがロマンがある!?

DATA

ナマズ

全長 ： 最大70cm

生息 ： 北海道南部〜九州

特徴 ： 口ひげがあり、全身がぬめりけのある粘液《ねんえき》でおおわれている

かいとう

昔から迷信がありますが
真相はわかりません

しつもん

イルカはほ乳類なのに なぜおぼれないの？

イルカ

DATA

全長 ： バンドウイルカ（ハンドウイルカ）2～4m

生息 ： 温帯～熱帯

特徴 ： 水族館でもっともよくみられるイルカ。知能が高い。

かいとう

自ら顔を出したときに効果的に呼吸をします

イルカは海で暮らす生き物ですが、魚類ではなく、人間と同じほ乳類。ということは、肺呼吸のため、空気中から酸素を吸わなければいけません。泳いでいるときは息を止め、水から顔を出したときに、頭の上にある穴から呼吸しているのです。

では、眠っているときに、浮き上がって呼吸をするのを忘れておぼれたりしないのでしょうか。答えは「泳ぎながら睡眠を取る」です。というよりも、脳を半分ずつ休める睡眠スタイルが可能。眠ていても必要最小限の行動として呼吸を続け、おぼれることはないのです。

しつもん

カメは本当に長生き？水族館の記録は？

かいとう

外国では175歳 日本は90歳越えの例があります

「鶴は千年、亀は万年」という言葉があるように、カメは長生きする生き物です。

　水族館生まれの個体なら正確な年齢がわかりますが、自然界からやってきたカメは年輪の数を数える推定年齢しかわかりません。過去の実績として、ダーウィンが連れて帰ったといわれるガラパゴスゾウガメ（175歳）などの記録があります。

　日本の水族館では、上野動物園のオスのガラパゴスゾウガメは1969年2月に推定40歳で来園したので現在90歳。姫路《ひめじ》水族館のオスのアオウミガメは1966年に来館し53年間飼育され、年齢も54歳以上となります。

しつもん

デンキウナギは自分はしびれないの？

まず、デンキウナギといってもウナギ目のなかまではなく、デンキウナギ目に属します。成長すると、人間の太ももぐらいの太さに成長する淡水魚です。

デンキウナギは視力が弱い代わりに、弱い電気を使って周りの環境や物体についての情報を感知することができます。ただし、えさを見つけたときや、敵に襲われたときは500〜600ボルトほどの強い電力を発します。

自分も感電しないのか？といえば感電はしてしまっています。が、死んでしまうほどの衝撃は受けないようになっているのです。

デンキウナギ

DATA

全長 ： 最大2.5m

生息 ： 南アメリカ

特徴 ： 発電器官をもち、強い電力を発する

かいとう

わずかにしびれていますが死ぬほどではありません

しつもん

ジンベエザメはどこで見られますか？

かいとう

沖縄などで見られます！

ジンベエザメ

DATA

全長　：　6〜8m（最大17m）

生息　：　熱帯・亜熱帯・温帯の海

特徴　：　現存する魚類として世界最大とされる

ジンベエザメは体が大きく、大量のえさを必要とするため、見られる水族館は限られます。

日本では、美ら海水族館（沖縄県）、いおワールドかごしま水族館（鹿児島県）、海遊館（大阪府）、のとじま水族館（石川県）で見られます（※2019年5月現在。お出かけ前に最新の情報収集をしてください）。海遊館では過去に、ジンベエザメにえさをやるバックヤードツアーを企画したことがあり、人気を集めていました。

現存する魚類としては世界最大といわれていますが、えさはプランクトンや小魚なのが不思議なところです。

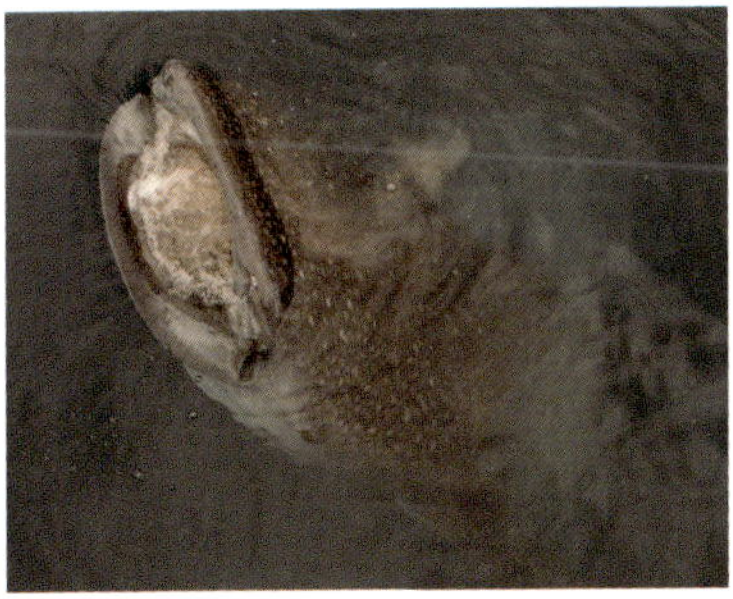

しつもん

マーブル模様のペンギンの見分け方を教えて！

日本の水族館には、白黒のマーブル模様のペンギンがいます。フンボルトペンギン属のフンボルトペンギン、ケープペンギン、マゼランペンギンです（ガラパゴスペンギンもこのなかまですが、現在日本にはいません）。

共通の祖先をもつためよく似ていますが、顔のピンク色の皮ふ、胸の黒帯の数で見分けられます。

くちばしのつけ根にピンク色が見えたらフンボルトペンギン、そうでなければケープかマゼラン。この2種は、胸の黒帯が2本だとマゼラン、1本だとケープです。

DATA

生息域のまとめ

フンボルトペンギン…南アメリカ太平洋岸

マゼランペンギン…南アメリカ大平洋岸南部～大西洋岸

ケープペンギン…アフリカ南部沿岸

かいとう

顔のピンク部分や
胸の黒帯の数で見分けOK

しつもん

アザラシ、オットセイ、アシカの違いを教えて！

かいとう

耳や歩き方、泳ぎ方などで見分けられます

アシカとアザラシは、耳で見分けられます。アシカには耳にふたがあり、アザラシは穴だけの耳です。

オットセイはアシカのなかまなので、よく似ていますが、オットセイのほうが耳が目立ち、毛がフサフサしています。

アザラシはイモ虫のようにクネクネと移動しますが、アシカやオットセイは4本の足で歩きます。水中でも同様で、アザラシはクネクネしながら後ろ足を振って泳ぎ、アシカやオットセイは前あしを器用に動かして泳ぎます。

爪はアシカもアザラシも四肢に5本ずつ。しかし、アザラシの前あしだけは鰭脚《ききゃく》の外側に伸びていて、よく見えます。アシカの四肢とアザラシの後あしの爪は鰭脚の外まで伸びていないので、一見ないように見えます。

アシカ DATA

体長：オス2.4m、メス2m

生息：北アメリカ西岸

アザラシ（ゴマフアザラシ） DATA

体長：1.4〜1.7m

生息：ベーリング海〜オホーツク海

オットセイ DATA

体長：オス2m、メス1.3m

生息：北太平洋沿岸〜北アメリカ西岸

しつもん

スナメリ、ベルーガシロイルカの違いを教えて!

スナメリとシロイルカは全身が白っぽく、背ビレがなく体形がよく似ていて、混同されがちですが別種です。

スナメリは鯨類《げいるい》としては体の小さなグループであるネズミイルカ科のイルカで、体長は1・2〜1・9メートルしかありません。日本から東アジアの沿岸の温帯の海に生息し、内湾や河口でも見られます。

シロイルカはイッカク科の中型のイルカで、体長は3〜5メートルあります。北極海と周辺の海域、寒帯の海に棲息するイルカです。日本ではオホーツク海の群れがときどき北海道近海で観察されています。

シロイルカのことを親しみを込めてベルーガと呼ぶこともあり、美しい声を出すので海のカナリアとも呼ばれます。

スナメリ

DATA

全長：1.2〜1.9m

生息：日本〜東アジアの沿岸の温帯の海

特徴：日本近海で最小のイルカ

シロイルカ

DATA

全長：3〜5m

生息：北極海と周辺の海域、寒帯の海

特徴：おでこが丸く出っ張っている

かいとう

シロイルカ＝ベルーガで
スナメリよりも大きいです

編集部推薦

動物園・水族館に
行きたくなる絵本
4

『1,2,3
どうぶつえんへ』
エリック・カール
偕成社

『どうぶつえんガイド』
あべ弘士
福音館書店

『マスターさんと
どうぶつえん』
アーノルド・ロベール
訳:こみやゆう
好学社

『エイモスさんが
かぜをひくと』
文:フィリップ・C・ステッド
絵:エリン・E・ステッド
訳:青山南
光村教育出版

『ハリセンボンが
ふくらんだ』
鈴木克美
絵:石井聖岳
あかね書房

『絵巻えほん
びっくり水族館』
長新太
こぐま社

『モグラはすごい』
アヤ井アキコ
監修:川田伸一郎
アリス館

『シルヴィー
どうぶつえんへいく』
ジョン・バーニンガム
訳:谷川俊太郎
BL出版

『どうぶつしんちょう
そくてい』
文:聞かせ屋。けいたろう
絵:高畠純
アリス館

※出版社は発売当時のものです。
※現在入手できないものもあります。ご了承ください。

5
章

飼育係・獣医師・園長の
素顔

動物園や水族館で働くにはどうすればいい？

飼育係になるには

多くの人があこがれる飼育係ですが、実は特別な資格は必要ありません。

ただし、公立の動物園に採用されるには、基本的に公務員試験に合格しなければなりません。上野など東京都立の動物園では、以前は試験に受かる必要がありましたが、現在は動物園が直接募集を行っています。

このように全国の動物園、水族館で運営を法人に任せることも増えており、公立の動物園でも直接募集することがあります。そのため、さまざまな人材が集まるようになり、畜産学科《ちくさん》や水産学科だけでなく、理学部の動物学科を卒業した人や大学院で博士号《はくしごう》を取得した飼育係もいます。それから、動物系の専門学校を出た人も多く活躍しています。

大学でなく高校ですが、愛媛県長浜《ながはま》高校には「水族館部」があり、その卒業生が水族館などで働いています。学生時代の部活も役立ちます。

あこがれの仕事に一歩近づくには？

普段から情報収集を行い、動物園や水族館で募集があれば、夏休みの実習などに参加するのをおすすめします。動物園の人たちは仕事ぶりをちゃんと見ており、よく働き、職場に溶け込んでいる実習生は印象に残るのでよいアピールになり、飼育係への近道になります。動物園・水族館勤務の知り合いがいれば相談してみましょう。

スタッフについては、欠員が出たタイミングで募集することが多いので、情報をこまめにチェックしてください。最近では千葉市動物公園で、動物園未経験者が公募で園長になりました。新しい動物園をつくる試みの一つです。

園長さんに聞いた飼育係に向いている人

園長さん数名に「飼育係に向いている人」について聞いたところ、みんなが一番にあげたのは「人とのつき合いがしっかりできること」でした。

人づき合いがダメで人嫌いだけど、動物とは仲良くできるから飼育係になりたいというのは間違いです。飼育係の

本当の役目は、動物本来の姿をお客さんに伝えること。人嫌いでは使命を果たせません。

また、自分が休みの日には代わりの飼育係に世話をしてもらうことになります。正確に動物の状態を伝えたりするコミュニケーション能力が欠かせません。動物園という組織で動物を飼うことは、個人のペット飼育とはまるで違います。

最後に、体力は必須。ちょっとやそっとではめげない人、相手（動物・人）の気持ちがわかる人、社交的な人、知識欲・発言力のある人が向いています。怒りっぽい人や責任感のない人は向いていません。

国際的な交流、役割も盛んですので、語学力もあったほうがいいでしょう。

夢見がちでおっとりとした子どもは動物に好かれる素質《そしつ》あり! たくさんふれ合って心を育てよう

アクアマリンふくしま／安部義孝《あべよしたか》さん

安部義孝さんはシーラカンス研究で知られる人物。上野動物園、多摩動物公園（うち1年はクウェート科学研究所）を経て『アクアマリンふくしま』館長になりました。

「寺の境内の借家に住んでいたときは隣が著名《ちょめい》な植物学者。生き物採集に格好のロケーションでした。東京に引っ越してからも池や川、父母の田舎で釣りに明け暮れました」というとおり、生き物尽くし体験が根っこにあるそうです。

現在のテーマは縄文《じょうもん》で、「縄文のライフスタイルなら食糧《しょくりょう》とエネルギーの自給自足が可能」を信条に、人と自然のバランスのとれた縄文時代をテーマにした展示に力を入れています。

profile

名前

安部義孝（あべ よしたか）

所属園館名

アクアマリンふくしま
（ふくしま海洋科学館）

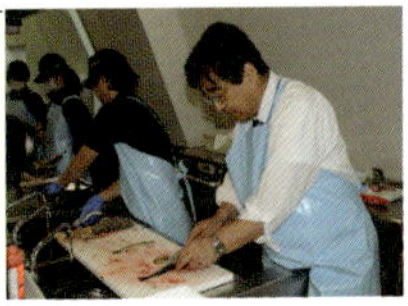

専攻

増殖《ぞうしょく》学科魚類学教室

休日の過ごし方

最近は忙しくてあまり行けていないが、小さいころは山のお墓の自然を楽しんでいた。5年生の秋まで山川を「荒らして」自然を楽しんだ。

飼育係に向いている人って?

向いている人は、動物に好かれる人です。いつも夢を見ていて、鈍感で運動神経の鈍い子ども（私のような）も向いています。逆に、俊敏《しゅんびん》で聡明《そうめい》な子どもは動物に嫌われるかも。

おすすめ動物園・水族館

❶ 那須《なす》どうぶつ王国（栃木県）
❷ 加茂《かも》水族館（山形県）
❸ アクアマリンいなわしろカワセミ水族館（福島県）

読者へひと言

書（スマホ）を捨てて海・山・川へ行こう。
フィールドノートは重要、カメラもか。

夢中になれるものを追いかけ
興味をもって観察することが大事。
あこがれの仕事はその延長に!?

アクアマリンふくしま／山内信弥《やまうちしんや》さん

山内信弥さんは『アクアマリンふくしま』で、飼育係として活躍中。

「昔は魚よりもアリに興味がありました。アリを連れ帰り、土を入れたケースで飼育して巣づくりを観察したときは親に怒られたなあ！」と、懐かしそうに振り返ります。

　現在の担当生物のなかで特徴的なものはサンマ。鱗がはがれやすく網で採集できない、神経質で寿命が短いなど、水族館飼育に不向きの性質があるため、泳ぐ姿を見たことのない人は多いのでは？

「アクアマリンふくしまでは、人工授精卵から稚魚を育成し展示しています。青く光る姿は必見です」

profile

名前

山内信弥（やまうち しんや）

所属園館名

アクアマリンふくしま
（ふくしま海洋科学館）

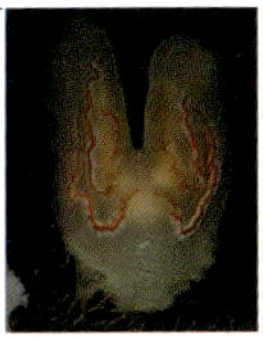

現・担当動物

サンマ、タカアシガニ、
深海生物

過去に担当した動物

アオメエソ（メヒカリ）、ヤリイカ、ラブカ

仕事をこころざしたきっかけ

小さいころの生物を捕まえたり観察したり、飼育したりした思い出、記憶を鮮明に覚えていたこと。

おすすめ動物園・水族館

❶ 美《ちゅ》ら海水族館（沖縄県）
❷ 海きらら九十九島（長崎県）

読者へひと言

夢中になれること、好きなことを人目を気にせず、とことんやってほしいです。僕にとって、その記憶が将来何になりたいかを決めるきっかけになりました。

動物とふれあうのは仕事の一部。生態を伝える展示を考えることに大きなやりがいと責任を感じます

アクアマリンふくしま／中村《なかむら》千《ち》穂《ほ》さん

中村千穂さんは『アクアマリンふくしま』の飼育係。カワウソなどの生き物を、3人のチームで担当しています。

カワウソといっても種類はさまざま。こちらでは、ユーラシアカワウソを飼育中。指の間の水かきと、水の抵抗を受けにくい平べったい体形のため泳ぎが得意です。

日本にもニホンカワウソという種が生息していましたが、1979年以降確かな目撃例がなく、2012年に絶滅種に指定されています。ユーラシアカワウソはニホンカワウソと遺伝的にもっとも近い種類で、外見的な違いはほとんどありません。今はもう見られない絶滅種《ぜつめつしゅ》に思いをめぐらせながら観察するのもいいでしょう。

観察のポイントを中村さんに聞きました。

「自然を再現した展示の中で思いっきり遊ぶようすを見てほしいです。すばやく泳いで魚を追いかけたり、ときには見事にキャッチすることも。時期によっては、お母さんが

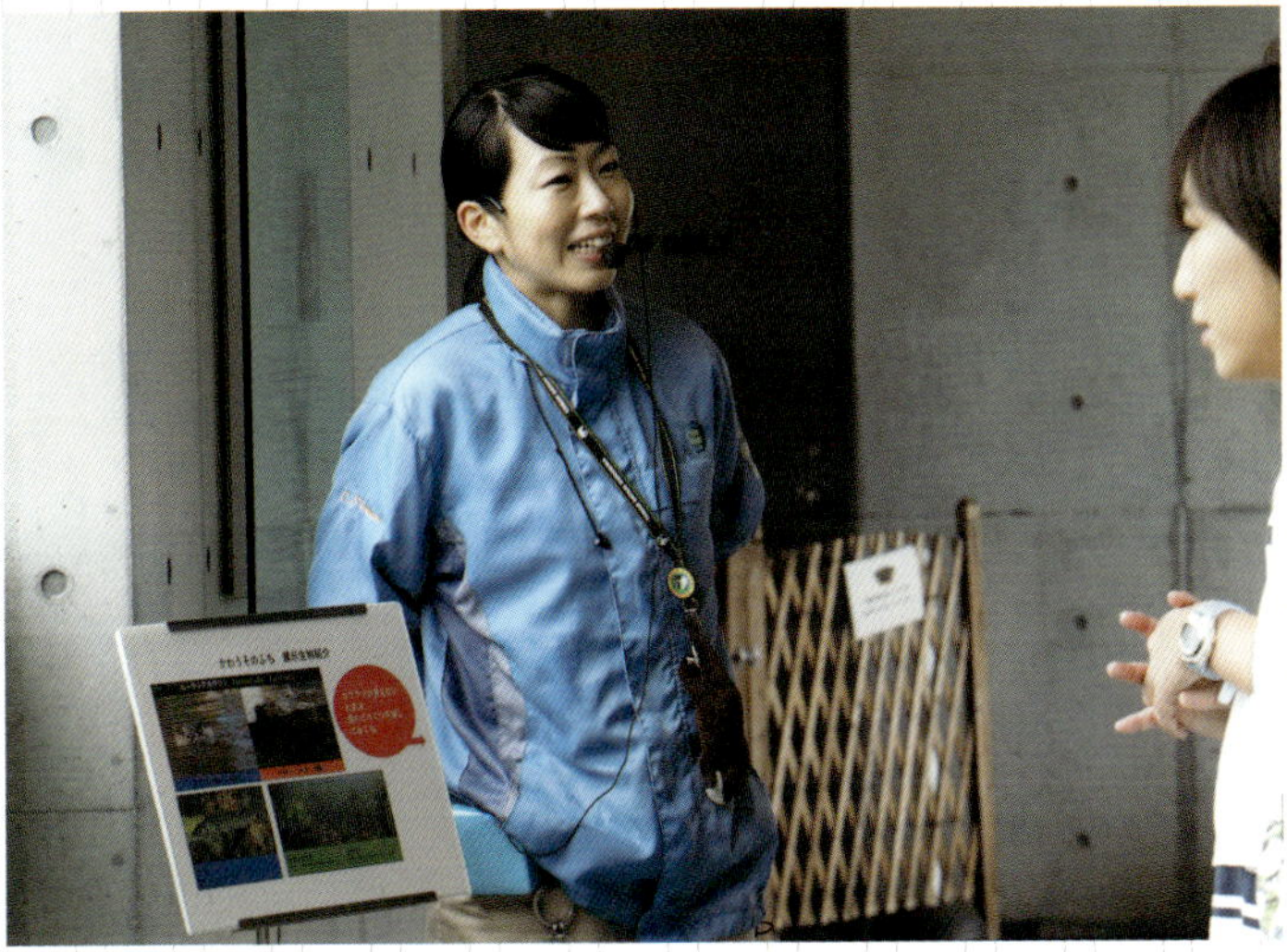

授乳したり、赤ちゃんを連れて巣を移動したりといった子育ても見られます」とのこと。

イキイキと働く中村さんは、なんと小・中学生のころインドネシアに住んでいました。「環境問題が世界的に話題になりはじめた時期だったので、環境や生物のことに興味をもちました」と話します。その後、東京海洋大学（旧東京水産大学）の海洋環境学科へ進学して、大学時代は海洋物理の研究をしました。

自然のすばらしさを伝えたいと入社しましたが、最近は「動物本来の魅力やたくましさを伝える展示をつくることにやりがいを感じます」と、中村さん。

中村さんのカワウソ以外の担当動物は、ヤマドリやフェネック、ヘビやカエルなど10種類以上。15年勤務となかなかのベテラン。仕事で大変だったことを聞くと、「自分の至らなさから、動物が死んでしまったときがつらいです」と教えてくれました。

楽しいことだけではない飼育の仕事ですが、中村さんは今日も精一杯働きます。

profile

名前

中村千穂（なかむら ちほ）

所属園館名

アクアマリンふくしま
（ふくしま海洋科学館）

専攻

海中濁度《だくど》と
海藻《かいそう》の成長

現・担当動物

ユーラシアカワウソ、オオコノハズク、
昆虫ほか。

過去に担当した動物

海獣類《かいじゅうるい》、（アザラシ、トド、セイウチ）、海鳥、
サンゴ礁《しょう》。マングローブ域生物、回遊魚《かいゆうぎょ》

仕事をこころざしたきっかけ

環境汚染に危機感を覚え、自然のすばらしさを
伝える仕事がしたかったから。

休日の過ごし方

ホットヨガでストレス発散。料理や掃除など。

おすすめ動物園・水族館

❶ アルペン動物園（オーストリア）
❷ Otter-Zentrum（カワウソセンター・ドイツ）

読者へひと言

子どものころ住んでいたインドネシアは当時、急速な経済成長期《けいざいせいちょうき》。ジャカルタは環境汚染がひどい状況でしたが、少し離れた島々ではサンゴ礁の海が広がっていました。いずれはここも汚染されるのではと危機感を覚えました。みなさんに、水族館での体験を通じて自然や動物のすばらしさを伝えていきたいです。

生きた魚はおらず標本だけですがシーラカンスの担当をしています。古代魚の魅力を伝えたいです

アクアマリンふくしま／岩田雅光《いわたまさみつ》さん

『アクアマリンふくしま』では、開館当初からシーラカンス研究に力を入れています。シーラカンスといえば〝生きた化石〟とも呼ばれる神秘的な魚であり、全世界の水族館では一度も飼育に成功したことはありません。

シーラカンスは1938年に正式に発見され、何億年も同じ姿をした魚として有名になりました。

そんなシーラカンスの研究・展示を担当するのが岩田雅光さん。どのような経緯で岩田さんはシーラカンスの担当になり、どのようなスタンスで研究・展示しているのでしょう？

「もともと水族館で働いてみたいという希望はもっていました。大学を卒業してはじめての就職先はよみうりランド

の敷地内にあった水族館でした」と岩田さん。
　その後、アクアマリンふくしまに転職し、最初は海獣やニシンなどを担当していました。「飼育の難しい生き物を担当してみたい」という希望はあったといいますが、なんと幻の魚・シーラカンスの担当に任命されることに。
　アクアマリンふくしまの安部《あべ》義孝《よしたか》館長はシーラカンス研究で知られる人物。館長の一声で決まったそうです。
　そんなわけで、現地の調査のため海外へも出向くようになり多忙な日々となりました。

「シーラカンスは、発見から約80年経つ現在でも生態はよくわかっていません。卵ではなく幼魚《ようぎょ》を生む『胎生《たいせい》』ですが、どのような生殖《せいしょく》を行うのかは知られていません。また、幼魚が成魚になるまでの期間や育児方法など、生態の多くもいまだに謎に包まれたままです。さらに、ヒレが10枚もあるなど、体のつくりまで不思議だらけ。魅力的な生き物ですね」と岩田さん。

　生きた個体が手に入らない希少な生き物だからこそよりいっそう使命に燃え、研究・展示に励む日々です。

「展示ではなく『研究』というスタンスが第一です。館として研究を続けながら、お客様に古代魚の魅力を伝えていきたいです」と、情熱的に語ってくれました。

profile

名前

岩田雅光（いわた まさみつ）

所属園館名

アクアマリンふくしま
（ふくしま海洋科学館《かいようかがくかん》）

専攻

水産学《すいさんがく》

現・担当動物

シーラカンス

過去に担当した動物

海獣類《かいじゅうるい》、北方系魚類《ほっぽうけいぎょるい》、古代魚《こだいぎょ》ほか

仕事をこころざしたきっかけ

たくさん魚《さかな》が飼《か》えると思《おも》ったから。

家でもペットを飼っている?

いません。

おすすめ動物園・水族館

❶ バンクーバー水族館《すいぞくかん》（カナダ）
❷ ナイトサファリ（シンガポール）

読者へひと言

小学生のころから魚をつかまえたり、飼ったりすることが好きで「将来は水族館で働く！」と言っていたら、本当に水族館の職員になれちゃいました。水族館や動物園、それ以外のことでも自分の思った仕事につくのはタイミングなどもあってなかなか大変です。あきらめずにずっと思い続けられたことがよかったんだと思います。

自分が採集してきた魚が自分がレイアウトした水槽で泳ぐのを見ると安らぎます。

アクアマリンふくしま／春本宜範《はるもとよしのり》さん

春本宜範さんは、甲子園出場経験もある元・野球少年。「釣りに連れて行ってほしかったら野球をやれと、父親にいわれてはじめました。大学は農学部を選び、勉強と野球を両立し、合間に釣りにも行きました」

飼育のほか出張授業もこなし、受講した小学生が水族館職員になったこともあるのだそう。そんな春本さんは、金魚展示に注力中。

「身近な存在なのに、金魚業界は衰退の一途。日本の文化の一つである金魚の美しい姿を再認識してほしいです。また、各地方特産の地金魚や、アクアマリンで生まれた金魚たちにご注目ください」

profile

名前

春本宜範（はるもと よしのり）

所属園館名

アクアマリンふくしま

（ふくしま海洋科学館）

現・担当動物

金魚、縄文の里（ビオトープ）、

ウナギ・淡水生物調査など

過去に担当した動物

北方系生物（トド、トクビレ、ホッカイエビなど）、

福島県内の生物（ヤマメ、ツチガエル、タガメなど）

仕事をこころざしたきっかけ

釣り好き、魚好きが高じて。

◆家でもペットを飼っている?

娘3人のみ。

おすすめ動物園・水族館

❶ モントレー・ベイ水族館（アメリカ合衆国）

❷ 恩賜上野動物園（東京都）

読者へひと言

日本中、世界中に水族館、動物園はたくさんあります。目玉となる生き物、地域の特性など、それぞれに特徴がありますので、いろいろ見比べてみるのもおもしろいと思います。

身近な生き物を魅力的に見せるのも仕事のひとつ。淡水魚や淡水生物も見てください!

アクアマリンいなわしろカワセミ水族館／永山駿《ながやましゅん》さん

永山駿さんは、ユーラシアカワウソとカワネズミを担当する飼育係。淡水《たんすい》生物専門の「アクアマリンいなわしろカワセミ水族館」で働いています。

こちらでは、主に福島県内に生息している生き物の飼育・展示をしていますが、やはり一番人気はカワセミ。〝空飛ぶ宝石〟と呼ばれる通り、美しい小鳥です。国際自然保護連合（IUCN）のリストでは絶滅危惧種《ぜつめつきぐしゅ》ではないものの、絶滅の恐れがある地域《ちいき》の個体群《こたいぐん》として軽度懸念《けいどけねん》の指定を受けています。日本では上野動物園で繁殖に成功したことがあります。

「水族館の名前が『アクアマリンいなわしろカワセミ水族館』なのに、最初はカワセミがいませんでした。それで、『カワセミはいないけどカワウソはいる』をキャッチコピ

ーにしていましたが、今はカワセミもカワウソもいます。カワセミは、生息地の湿地《しっち》を水槽内に再現したので、水に飛び込んで魚を取るところも見られます」とのこと。

渓流にすむほ乳類であるカワネズミも必見。

「カワネズミは渓流にしか生息せず、動きもすばやいため、目撃情報が少ない生き物です。調査中に出会ったイワナ釣りの人が『見たよ』と教えてくれることがありますが、捕獲するためのわなに入ってくれたのを見て、はじめてその川に生息しているのがわかることがほとんどです」

イルカもアザラシもいない、淡水生物専門の水族館は地味な存在ですが、ここでしかできない仕事があります。

「みなさんが気づいていないだけで、近くにこんな生き物がいるんだよと伝えたいのです。福島県は海のイメージが強いですが、実は内陸部の面積のほうが広く、河川や渓流に恵まれています。水族館では淡水生物より海の生き物が注目されがちですが、淡水生物も魅力たっぷりですよ」

profile

名前

永山駿（ながやま しゅん）

所属園館名

アクアマリンいなわしろ
カワセミ水族館

専攻

水産学（浮遊生物学研究室）

現・担当動物

カエル、サンショウウオなどの両生類、
ユーラシアカワウソ、カワネズミ

過去に担当した動物

アザラシ、
トドなど

仕事をこころざしたきっかけ

川でとった魚を家で飼育したりして生き物に興味をもつようになりました。その後、アクアマリンふくしまが開館、展示に感動して飼育係になりたいと思いました。

休日の過ごし方

会津地方周辺の温泉めぐり、最近は野鳥観察なども。

家でもペットを飼っている?

フトアゴヒゲトカゲ、ヒガシヘルマンリクガメ。

おすすめ動物園・水族館

❶ 富士湧水《ゆうすい》の里水族館（山梨県）
❷ 恩賜上野動物園（東京都）

読者へひと言

みなさんの住んでいる家の近く、ちょっとした水路や草はらにもさまざまな生き物がいます。

創意《そうい》工夫ができる人や思いやりのある人は動物園の仕事に向いているかも!?

埼玉県こども動物自然公園／田中理恵子《たなかりえこ》さん

『埼玉県こども動物自然公園』の広大な敷地は、東京ドーム約10個分。39年前の開園当初、26種だった動物は200種近くまで増えましたが、わずか40人のスタッフで飼育管理しています。

動物と人間をまとめ上げるのが、元気な女性園長の田中理恵子さん。

「お金のない動物園ですから、園内は手づくり感にあふれています。塀《へい》や動物舎はスタッフの手づくりなんですよ。私もいろいろと勉強しました。絵を描いて全員がイメージできるように心がけています」とのこと。

田中さんは子どものころから手塚治虫《おさむ》の大ファンで、絵を描くのは得意でした。現在も理科の教師をしている兄とともに、動物の絵を上手に描いたり、さまざまな動物を飼っていたりすることで近所で知られていたそうです。

あらゆる動物が大好きで、犬猫はもちろん、メダカやエビ、シマヘビも飼ったことがあるらしい。

「特にカエルが好きで、庭に池をつくってもらったほど。小学生のとき、一人で電車に乗って川に出かけ、ダルマガエルを数十匹捕獲。帰りの電車内でバケツをひっくり返したこともありました」と、思い出を話してくれました。

女性獣医師の草分けである増井光子《ますいみつこ》さんの『わたしの動物記』に感銘《かんめい》を受けて飼育係になろうと決心。高校生のときは「カバ園長」と呼ばれた東武動物公園の西山登志雄《にしやまとしお》園長に突然電話するほどの思い入れぶり。

その結果、「とにかく大学は出ろ」とアドバイスを受けて大学を卒業してから動物園の門をたたきました。

「動物園の仕事は体力勝負だし、動物は人間よりいろいろな能力が上。体育が得意だったのは役に立っています。私がこの世界に入ったときは、女性は8～10人に1人ほどだったのに、どんどん女性が増えて今は女性のほうが多いぐらい。それから、男女ともにこれからは語学力は必要になってきますね」と教えてくれました。

園では現在、ネズミ（げっ歯類）の施設「エコハウチュー」を建設中。地熱《ちねつ》エネルギーを利用して「エコ」をテーマに、ネズミとともにエコな暮らしを表現したいと考えているそうです。完成が待ち遠しいですね。

profile

名前

田中理恵子（たなかりえこ）

所属園館名

埼玉県こども動物自然公園

専攻

家畜繁殖学《かちくはんしょくがく》

仕事をこころざしたきっかけ

動物が大好きで、たくさん見て、飼って、一緒に過ごしました。手塚治虫さんのアニメ『ジャングル大帝』で動物の動きに魅せられ、そこらじゅうに動物の絵を描きまくりました。おばにもらった『わたしの動物記』も大きなきっかけです。

休日の過ごし方

読書、映画鑑賞（特にコメディ）、写真、スキー、旅行（海外は野生動物に会うため。また動物園とおいしいもの目的）。

家でもペットを飼っている?

猫2匹、カエル1匹、メダカ6匹、エビ3匹。

飼育係に向いている人って?

向いている人は相手の気持ちがわかる人、めげない人。

向いていない人は怒りっぽい人、他人のせいにする人。

おすすめ動物園・水族館

❶ アリゾナソノラ砂漠博物館の動物園（アメリカ合衆国）

❷ インスブルック アルペン動物園（オーストリア）

❸ ヒールスビルサンクチュアリ（オーストラリア）

せっかく用意したユーカリを無視…グルメすぎるコアラのために　ユーカリを見極める仕事に必死！

埼玉県こども動物自然公園／西方則男《にしかたのりお》さん

動物園の人気者・コアラが、実は絶滅危惧種《ぜつめつきぐしゅ》って知っていましたか？

　こちら『埼玉県こども動物自然公園』ではそんな貴重なコアラが10頭飼育され、種の保存に取り組んでいます。動物園生まれのコアラも複数います。

　コアラ飼育担当の西方則男さんにお話を聞きました。

「日本に来たばかりのときは生態もよくわからず、〝珍獣《ちんじゅう》〟なんて呼ばれていたそうです。当時は情報を得るために必死で、担当者は不慣れな英語でやりとりしていました。」と教えてくれました。

　コアラといえばユーカリ。ユーカリしか食べないうえ、かなりの偏食《へんしょく》なため、食事の世話にはかなり気を使うそうです。

「どこにでもユーカリがあるオーストラリアとは違い、ここは日本です。本来はない植物を育てているので、栄養は十分か、コアラは満足しているのかなどはよくわかりません。幸い当園には、ユーカリ

専門のスタッフがいて、新鮮なものを供給してくれますが、飼育係はなんとか食べてもらうことに必死。ポイっと捨てられたら、次はどうやってたくさん食べてもらおう？　と、レストランのシェフのようにユーカリの見極めに励む毎日です」と笑います。

　コアラに限らず、動物の飼育は大変。悩みながらもコツコツやっていくうちにエキスパートになっていくことが大事と西片さんはいいます。また逆に、うまくいっていても油断から失敗するのも、仕事の常です。

最後に、コアラの観察ポイントをたずねると、「コアラは木の上で、1日に20時間ほど眠って過ごす動物です。ですが、時間によっては木から木へと活発に飛び回ることもあります。室内展示場では、毎日午後1時からユーカリの交換をするので、起きているコアラを見られるチャンスです。ご存じのとおり日中はむやみに動かないんです。眠っている時間が長いのは、ユーカリをじっくり消化するため食後にゆっくり過ごすという意味もあります」と教えてくれました。

コアラを輸送する箱

profile

名前

西方則男（にしかた のりお）

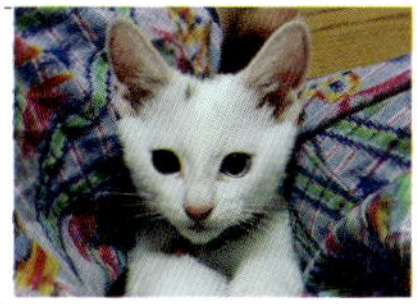

所属園館名

埼玉県こども動物自然公園

現・担当動物

コアラやミナミコアリクイ、フタユビナマケモノなど。

過去に担当した動物

は虫類、キリンなど。

仕事をこころざしたきっかけ

ペットとして飼えない動物を飼育してみたかったから。

休日の過ごし方

犬の散歩と家事。

家でもペットを飼っている?

犬、猫、デグー。

おすすめ動物園・水族館

❶ 東山動物園（愛知県）
❷ ダラス世界水族館（アメリカ合衆国）

読者へひと言

動物園では、動物たちが限られた環境で、充実した暮らしができるように取り組んでいます。本来暮らしている環境に適応した動物たちの体のつくりや行動を、じっくり観察してみてください。

動物との縁、人との縁に導かれて野生動物保護から動物園獣医に転身し沖縄から伊豆大島《いずおおしま》を経て埼玉へ!

埼玉県こども動物自然公園／天野洋祐《あまのようすけ》さん

天野洋祐さんは『埼玉県こども動物自然公園』の獣医師。念願叶って動物にかかわる仕事についたわけですが、今にいたるまでが波乱万丈《はらんばんじょう》。

「虫や野鳥が好きで、次第に野生動物とその保護や医療に興味が移っていきました。大学は獣医学部に入り、犬猫病院で働きながら野鳥治療に取り組む先輩に出会いました。先輩が出身地の沖縄で開業することになり、私も誘いを受けて沖縄で手伝いをすることにしました」

先輩は沖縄で、絶滅の危機にあった野鳥、ヤンバルクイナの保護を目的としたNPOを立ち上げ、天野さんもその活動に協力。親鳥がいなくなった野鳥の卵を保護し、人工ふ化させて野生に戻すなどの仕事を担当しました。が、なかなかうまくいかないこともあり、プロのアドバイスを受けようと招いたのが、上野動物園園長だった小宮輝之《こみやてるゆき》さんや、埼玉県こども動物自然公園園長だった日橋一昭《にっぱしかずあき》さんなど。

「ここだけの話、当時は野生

動物を相手にしていたので、動物園には『おりに入った動物を扱うだけの見せもの小屋』という偏見をもっていました。ですが、小宮さんたちの仕事ぶりを見て、動物園に対する印象は大きく変わりました」
　ちなみに、小宮さんは動物だけでなく人間の扱いもお手の物。小宮さんの部下の女性と天野さんの仲を取り持ったところ、なんと交際がはじまり順調に結婚が決定。
「7年いた沖縄を離れ、東京で仕事をしようと考えていたところ、結婚式1か月前に婚約者の転勤が決まりました。

それも、伊豆大島《いずおおしま》の都立大島公園。それで、自分も伊豆大島についていくことにしました。島では、1軒あった動物病院で働き口を確保したものの、なかなかうまくいかず退職することに。その後は、島の自然ガイドや外来種対策、アホウドリの移住計画などの仕事をしました。「アホウドリと一緒にヘリコプターに乗ったのはいい思い出ですね！」と振り返ります。

そしてまた不思議な巡り合わせで関東に戻り、埼玉の動物園で働くことに。「注射などの痛いことをすることが多いので、獣医は動物に嫌われるんです」と、苦笑いしつつも楽しい日々だそうです。

profile

名前

天野洋祐（あまの ようすけ）

所属園館名

埼玉県こども
動物自然公園

専攻

獣医学

現・担当動物

園の飼育動物すべて

仕事をこころざしたきっかけ

犬猫の獣医になろうと思っていましたが、子どものころから野生動物が好きだったのを思い出し、動物園に入りました。

休日の過ごし方

バードウオッチングやダイビングに行っていましたが、今は自分の子どもの世話です。

おすすめ動物園・水族館

❶ 高知県立のいち動物園（高知県）
❷ アクアワールド茨城県大洗水族館（茨城県）

読者へひと言

動物には、あっと驚くような秘密や不思議がいっぱいです。世界中のそんな動物が見られるのが動物園です。本を読んで動物のことがもっと知りたくなったら、動物園へ行ってみよう！

動物園実習のときからゾウひと筋。ハズバンダリートレーニングでしっかり健康管理をしています！

多摩動物公園／藤本卓也《ふじもとたくや》さん

藤本卓也さんは多摩動物公園でアジアゾウを飼育するチームの班長です。以前つとめていた上野動物園でもゾウを担当していました。

ゾウは今生きている陸上動物のなかでもっとも大きい動物。日本の動物園で見られるアフリカゾウとアジアゾウは、どちらも野生では数が激減中。生息地の減少や密猟などのため、絶滅《ぜつめつ》が心配されています。

こうした理由もあり、動物園も責任重大。藤本さんたちは、ゾウの安全や健康を心がけつつ、繁殖にも取り組んでいます。

ゾウといえばトップクラスの人気動物。ゾウの飼育係は相当の人気職なのでしょうか？　と聞くと、

「体の大きい動物で、危険な目にあうこともあるので、実はそれほどでもありません。オスはムストと呼ばれる時期を迎えると、かなり凶暴になり、飼育係にも攻撃的になることがあります」と教えてくれました。

こうした理由のため、飼育係は日常的に訓練を行います。ゾウを安全に世話できるよう、

また病気やケガをしたときに適切な治療ができるよう、ゾウが自主的に手入れされやすい姿勢を取るように教えることが目的です。この訓練は「ハズバンダリートレーニング」と呼ばれます。ゾウが、人間が望む姿勢や行動をとってくれたら好物を与え、その姿勢や行動を強化します。しかったり、罰を与えたりせず、自主性を尊重する人道的な訓練方法です。

「お手入れが必要な部位は足、鼻、耳、口、しっぽなどです。きれいに水洗いしてあげながら、普段と違うことや傷などの異変がないかを確認します。このときに、注意深く観察して、異変があれば早く気づくことが何よりも重要です。えさの食べ方や食事量、フンの状態やにおいまで念入りにチェックします」

すっかりベテランの風格がただよう藤本さんがはじめてゾウにふれたのは、大学の動物園実習のとき。希望通りに動物園に就職してからは、ニホンザルやコビトカバなども担当しましたが、やはりゾウとは一生縁があるんですね。謎が多く、魅力あふれるゾウの奥深さに、日々魅了されているそうです。

profile

名前
藤本卓也（ふじもと　たくや）

所属園館名
多摩動物公園

専攻
動物人間関係学

現・担当動物
アジアゾウ

過去に担当した動物
アフリカゾウ、ニホンザル、サイ、コビトカバ

仕事をこころざしたきっかけ
大学での実習や卒業論文。

休日の過ごし方
自分の子どもと遊ぶ。

おすすめ動物園・水族館
❶ ダラス動物園（アメリカ合衆国）
❷ 名古屋港水族館（愛知県）

読者へひと言
動物園に来たら、すべてを見ようとせず、好きな動物、気になった動物をじっくりと見てください。そして、どんなささいなことでもいいので、何か一つでも興味をもってもらえればと思います。

やりがいとプレッシャーが紙一重。動物を見せるだけではない飼育係の仕事に魅了されています

多摩動物公園／中島亜美《なかじまあみ》さん

中島亜美さんは多摩動物公園の飼育係。フクロウやタヌキのほか、コウノトリを担当しています。

国内で年間を通じて生活する野生のコウノトリは1971年にいなくなりました。それ以前より、飼育下で増やしていこうという取り組みはあり、1988年に多摩動物公園ではじめて繁殖に成功。その翌年には兵庫県立コウノトリの郷公園でも繁殖に成功し、そこでは2005年から増えた個体を野外に放鳥する取り組みがはじまりました。

現在、コウノトリを飼育する施設は、日本国内に17か所。飼育数は193羽にもなり、順調に数が増えるのはよいことですが、今度は飼育スペースの関係で繁殖制限をしなければならなくなりました。

また、飼育下でも、自然界と同様に遺伝的多様性（同じ種でも個体、地域ごとに異なる遺伝子をもつという多様性）を重視して、国内にいるすべてのコウノトリの情報を集めコンピューターソフトを

使って管理しています。中島さんは、日本のコウノトリの種別計画管理者として活動しています。どの個体を組み合わせてペアにするのがよいか、といったことを考えるのも仕事の一つです。

こんな重要な仕事を任されるようになった中島さん。昔から動物は好きでしたが、大学進学のときに「野生動物を守る仕事をしたい」と思い、東京農工大学農学部地域生態システム学科に進学。大学3年の後期から研究室に所属し、その後大学院に進学し、修士・博士課程を修了しました。

当時から、フィールドに出てツキノワグマの生態を研究するなど、アクティブに活動していた中島さんですが最近は仕事が忙しくてなかなかそうした活動に参加できないという悩みもあるそう。ですが、「フィールドだと動物が見えてもほんの一瞬。そういう意味でも、じっくりと観察できる動物園っていいなと思っています」と、楽しそう。

最後に、やりがいは？　とたずねると、「常に勉強すべきこと、取り組むべきことがあるところですかね。プレッシャーは大きいですが、苦労とやりがいは紙一重です」

学生時代ツキノワグマの麻酔作業をしていた合間の一コマ

profile

名前

中島亜美（なかじま あみ）

所属園館名

多摩動物公園

専攻

自然環境保全学

現・担当動物

コウノトリ、ガン、フクロウ、タヌキなど

過去に担当した動物

イノシシ、キジ、ハト、ワシ、コウモリ

仕事をこころざしたきっかけ

野生動物を守りたいと思ったから。

休日の過ごし方

家でゆっくりしていることがほとんど。自然の多い場所に旅行したり、アウトドアにでかけることも。

家でもペットを飼っている？

猫とアカハライモリ。

おすすめ動物園・水族館

❶ チェスター動物園（イギリス）
❷ ヒューストン動物園（アメリカ合衆国）

読者へひと言

好きなことをとことん楽しんで突き進んでください。動物に関することも、そうでないことも、いろんな経験をしておくと、いつか仕事に活かすことができるかもしれません。

水族館には不思議がいっぱい。それを魅力的に見せるスタッフの仕事にもご注目ください！

下関《しものせき》市立しものせき水族館「海響館《かいきょうかん》」／石橋敏章《いしばしとしあき》さん

石橋敏章さんは『下関市立しものせき水族館「海響館」』の館長。海響館は、日本一のフグの集積地・下関にちなみ、フグのなかまを世界最多の100種以上展示しています。小型のクジラ・スナメリが空気のわっかを吐く「バブルリング」や「ペンギン村」など、ユニークな展示も人気です。

石橋館長は、今や押しも押されもしない動物園・水族館業界の重鎮《じゅうちん》ですが、水族館の仕事にあこがれて、リュックに履歴書を詰めて歩き回った時代もあるそうです。

profile

名前

石橋敏章（いしばし としあき）

所属園館名

下関《しものせき》市立しものせき水族館「海響館《かいきょうかん》」

専攻

大学では魚類生理学、大学院では生態学《せいたい》

仕事をこころざしたきっかけ

学生時代、当時金沢にあった金沢水族館に出入りし、舳倉島《へぐらじま》での採集活動に同行したりしていました。そうした中で、水族館にあこがれた、と記憶しています。

休日の過ごし方

海響館に勤めるまで休日らしい休日を過ごした記憶がありません。現在は、山口県内や大分県をドライブし温泉を楽しんでいます。

飼育係に向いている人って?

水族館には不思議がいっぱいあります。その不思議を解いてみようとする探求心旺盛な人、また飼育の工夫を楽しめるアイディアマンは向いています。逆に、飽きっぽい人はこの仕事には向きません。

おすすめ動物園・水族館

❶ 魚津《うおづ》水族館（富山県）
❷ 沖縄美《ちゅ》ら海水族館（沖縄県）

読者へひと言

新たな展示計画を担当するとき、担当者は見る人に伝えたいことをいかにわかりやすく伝えられるだろうか、と工夫をします。水族館の展示を見るときに、職員の工夫の数々を感じてもらえるとうれしいです。

公立も民間も動物園の使命《しめい》は同様。動物園や水族館から何かを感じて野生へ続くとびらを開けてほしい！

那須《なす》どうぶつ王国、神戸どうぶつ王国／佐藤哲也《さとうてつや》さん

水族館は民間企業が運営することが多い一方、動物園は都営などの公営であることがほとんどです。

その点、アニマルエスコートサービスという会社のグループ施設である『那須どうぶつ王国』（栃木県）と『神戸どうぶつ王国』（兵庫県）は変わった存在。企業なので利益を出さなければなりませんが、動物の命をあずかる以上は、動物福祉《ふくし》を考えるのも使命の一つです。

代表の佐藤哲也さんは、「ただ動物を見てもらうだけの時代ではありません。正しく動物を飼育し、その魅力を伝えること、保全《ほぜん》活動も重要。公立も民間も同じです」と教えてくれました。

profile

名前

佐藤哲也（さとう てつや）

所属園館名

那須どうぶつ王国、
神戸どうぶつ王国

仕事をこころざしたきっかけ

幼少時に映画『小鹿物語』を観て感動しました。小学生のときは、「将来の夢は、動物園の飼育係になることです」と作文に書きました。

休日の過ごし方

野生動物観察や自然散策、スポーツ、飲む、寝るなど。でも、休みはほとんどない。

家でもペットを飼っている?

犬3、猫2、インコ1、オオタカ1。

飼育係に向いている人って?

向いている人はプロ志向のある人や社交的な人。知識欲、向上心、発言力のある人もいいですね。

おすすめ動物園・水族館

❶ シンガポール動物園（シンガポール）
❷ 長崎バイオパーク（長崎県）

読者へひと言

動物園水族館を取り巻く環境は年々変化しており、最近は動物福祉や生物多様性保全《たようせいほぜん》もおめられている。正しく動物を飼育し、その魅力を伝えることによって、動物たちをより理解してもらいたい。

動物園に完成はありません。常に未来へ向かって変わっていきます。見守ってください！

旭山動物園前園長／小菅正夫《こすげまさお》さん

小菅正夫さんは、閉園危機にあった旭山動物園を再建した人物です。

「進路のことはそれほど深刻に考えておらず、卒業間際になって旭山動物園から求人があったので、応募しました。昔から動物が好きで、ミミズでもクモでも飼っていた経験が根底にありますね」

就職してから見事に能力を発揮し、飼育係長、副園長、園長とおもしろいように出世しましたが、メッセージはシンプル。

「『多くの動物たちと共に生きていこう』です。これはいつの時代も変わりません」とのこと。動物への愛は尽きることがありません。

profile

名前

小菅正夫（こすげ まさお）

所属園館名

札幌市円山動物園

専攻

獣医学・七帝柔道

仕事をこころざしたきっかけ

子どものころから動物を飼うことが好きだった。対象は、魚、カエル、犬猫などなんでも！

休日の過ごし方

休日でなくてもどこかへ出かけている。北海道内では、羅臼へよく行く。ヒグマ、シャチ、タンチョウなどの観察。

家でもペットを飼っている?

いつも何かを飼っていて、クサガメはずっと飼っています。

飼育係に向いている人って?

好奇心旺盛な人や、考えながら行動する人は向いています。言われたことだけやって満足する人は伸びません。

おすすめ動物園・水族館

❶ 到津《いとうづ》の森公園（福岡県）
❷ 釧路市動物園（北海道）

読者へひと言

動物の世界はわからないことだらけ。動物園に完成はありません。進化する動物園を見守ってください。

好奇心旺盛で動物だけでなく人も好きなら目指してみては？観察力のある人はきっと伸びます！

上野動物園元園長／小宮輝之《こみやてるゆき》さん

元・上野動物園園長の小宮輝之さん。引退後はフィールドを変え、本の執筆や講演、大学での講義などを行っています。現役時代は難しい動物の飼育や、展示の工夫などで実績をあげるなど、大活躍でした。動物園界では知らない人はいない有名人ですが、「大型シカと激突したりなど、危険な目にもあいました。事故で部下を亡くしたこともあります」と、多くの苦労も。

現在は悠々自適《ゆうゆうじてき》の身となり、全国の動物園や水族館に出かけるのが楽しいそうです。

「ペットは不在がちでも飼える魚やイモリなどだけです。お金を出して動物を買うことはありません」という言葉に、動物愛護の精神を感じさせます。

profile

名前

小宮輝之（こみや てるゆき）

学校での専攻

家畜管理学《かちくかんりがく》

仕事をこころざしたきっかけ

動物と動物園が好きだったから。

引退後のライフワーク

大学の非常勤講師、執筆、監修、講演など。死んだ動物の足型取り（1,000種以上）や水族館撮影。

飼育係に向いている人、向いていない人

向いている人は、人も好きな人、飼育動物について正しく楽しく伝えることのできる人。人間は嫌いな人、担当動物をけなす人は向いていません。

読者へひと言

飼育係は一見楽しそうですが、動物の命を預かるという使命、責任感がもとめられる職業で、動物の死など悲しいこともあります。

小宮輝之・元園長の
おすすめの本
1

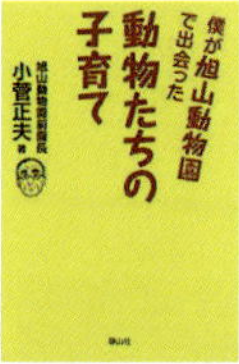

『僕が旭山動物園で出会った動物たちの子育て』
小菅正夫
静山社

『動物が教えてくれた人生で大切なこと。』
小菅正夫
河出書房新社

『あべ弘士の動物よもやまばなし』
あべ弘士
北海道新聞社

『わたしは海獣のお医者さん』
勝俣悦子
岩崎書店

『飼育係が見た動物のヒミツ51』
多摩動物公園
築地書館

『大人のための動物園ガイド』
成島悦雄
養賢堂

『いのちの王国』
乃南アサ
文藝春秋他

『アメリカの動物園で暮らしています』
川田健
どうぶつ社

『海獣水族館』
村山司、祖一誠、
内田詮三
東海大学出版会

※出版社は発売当時のものです。
※現在入手できないものもあります。ご了承ください。

小宮輝之・元園長の
おすすめの本
2

『日本の動物園』
石田戢
東京大学出版会

『ライオンのおじいさん、イルカのおばあさん』
高岡昌江
学研プラス

『動物のおじいさん、動物のおばあさん』
高岡昌江
学研プラス

『ZOOっとたのしー! 動物園』
小宮輝之
文一総合出版

『ほんとのおおきさ 特別編 元気です! 東北の動物たち』
監修:小宮輝之
写真:尾崎たまき 絵:柏原晃夫
文:高岡昌江　学研

『ほんとのおおきさ てがたあしがた図鑑』
小宮輝之
学研マーケティング

『原寸どうぶつ図鑑 もしあの動物が隣にいたら』
小宮輝之
宝島社

『動物たちの130年』
小宮輝之
ハッピーオウル社

『昔々の上野動物園、絵はがき物語』
小宮輝之
求龍堂

動物園・水族館のリスト

アクアマリンいなわしろ カワセミ水族館

猪苗代町の町立水族館「いなわしろ淡水魚館」を2015年にリニューアル。カワセミが飛んでくる総合自然公園内にあります。展示の見どころは、カワセミや地元の希少種の淡水魚やゲンゴロウなど。

DATA

福島県耶麻郡猪苗代町大字長田字東中丸3447-4
TEL:0242-72-1135　定休日:なし
http://www.aquamarine.or.jp/kawasemi/

札幌市円山動物園

札幌市中央区の円山公園内に立地。札幌の市街地からのアクセスも良好。人気動物はホッキョクグマ。動物専門員によるガイドやバックヤードツアーなどのイベントも実施中。

DATA

札幌市中央区宮ヶ丘3番地1
TEL:011-621-1426
定休日:第2・第4水曜(祝日の場合は翌日)、4月・11月は第2水曜を含む週の月～金曜休み
http://www.city.sapporo.jp/zoo/

アクアマリンふくしま (ふくしま海洋科学館)

東北最大級の水族館。テーマは、黒潮と親潮が出合う福島の海。また、世界最大のタッチプール「蛇の目ビーチ」と、体験しながら学べる「アクアマリン えっぐ」も人気。

DATA

福島県いわき市小名浜字辰巳町5
TEL:0246-73-2525
定休日:なし
https://www.aquamarine.or.jp/

埼玉県こども動物自然公園

埼玉県中央部の丘陵地帯に立地。大型肉食獣はいませんが、コアラやカピバラなどの癒やし系動物を観察するのにおすすめです。「なかよしコーナー」ではふれあいもOK。

DATA

埼玉県東松山市岩殿554
TEL:0493-35-1234
定休日:月曜(祝日の場合は開園)、年末年始
http://www.parks.or.jp/sczoo/

この本に登場する

多摩動物公園

アフリカ園、アジア園、オーストラリア園、昆虫園の4エリアで構成。園内には野生生物保全センターがあり、トキなどの希少動物の保護・繁殖にも取り組んでいます。

DATA

東京都日野市程久保7-1-1
TEL:042-591-1611
定休日:水曜(祝日の場合翌日)、12月29日～1月1日
http://www.tokyo-zoo.net/
(東京ズーネット)

下関《しものせき》市立しものせき水族館「海響館《かいきょうかん》」

フグのなかまを100種類以上を、常時展示中。水量約900トンの「関門海峡潮流水槽」では、ダイバーが海や魚の不思議について教えてくれます。別棟の「ペンギン村」も必見。

DATA

山口県下関市あるかぽーと6-1
TEL:083-228-1100
定休日:なし
http://www.kaikyokan.com/

那須どうぶつ王国・神戸どうぶつ王国

この2つは、アニマルエスコートサービスという企業のグループ施設。どちらも、動物とのふれあいから動物の能力を活かしたショーまでを楽しめるテーマパークです。

DATA

栃木県那須郡那須町大字大島1042-1
TEL:0287-77-1110
定休日:水曜(祝日・春休み・GW・夏休み・年末年始は開園)、12～3月の休園あり
https://www.nasu-oukoku.com/

DATA

神戸市中央区港島南町7-1-9
TEL:078-302-8899
定休日:木曜(祝日・春休み・GW・夏休み・年末年始は開園)
https://www.kobe-oukoku.com/

※開園時間や定休日、営業時間は変更となる場合があります。お出かけ前に情報をリサーチしてください。

著者紹介
小宮輝之（こみや てるゆき）

1947年、東京生まれ。多摩動物公園、上野動物園の飼育課長を経て、2004年から2011年まで上野動物園園長を務め、日本動物園水族館協会会長、日本博物館協会副会長を歴任する。上野ではクマの冬眠、アイアイ館、モグラの家など日本初の展示を行った。動物の足型コレクターでもある。主な著書に「ほんとうの大きさ動物園」「ほんとうのおおきさ てがたあしがた図鑑」（学習研究社）「Zooっとたのしー！動物園」（文一総合出版）「べんりなしっぽ！ふしぎなしっぽ！」「シマウマのしまはサカナのほね」（メディアパル）「動物たちの130年　上野動物園のあゆみ」（ハッピーオウル社）など。

もっと知りたい 動物園と水族館

園長のはなし、飼育係のしごと

2019年7月1日 初版第1刷
定価:1,200円+税

著者　小宮輝之
発行人　小宮秀之
発行所　株式会社メディアパル
〒162-8710
東京都新宿区東五軒町6-24
TEL:03-5261-1171
FAX:03-3235-4645
印刷・製本　中央精版印刷株式会社

ISBN:978-4-8021-1035-8 C0045

取材・協力
アクアマリンふくしま（ふくしま海洋科学館）
アクアマリンいなわしろカワセミ水族館
埼玉県こども動物自然公園
東京都多摩動物公園
札幌市円山動物園
下関市立しものせき水族館「海響館」
那須どうぶつ王国・神戸どうぶつ王国

制作スタッフ
編集・構成　木村悦子
イラスト　斉藤ロジョコ
デザイン　塩谷洋子